一鍵搞定

萬用鍋 零失敗 ③

80道 澎湃經典的館子菜料理提案
智慧再升級！零廚藝也能做出難忘好味道

文字 X 攝影 / JJ5色廚

[寫在前面]
秒懂萬用鍋操作，蒸煮燉滷難不倒 ⋯⋯⋯⋯ 006

精選菜單

PART ① 元氣滿滿吃早餐

厚蛋烤肉三明治 延伸食譜／玉米蛋酪梨墨西哥卷餅　010
烤雞里肌水波蛋沙拉 延伸食譜／糯玉米白花椰菜沙拉　012
迷你韭菜盒　014
鮮蝦腐皮卷 延伸食譜／高麗菜卷　016
青花椰菜濃湯　018

PART ② 暖心暖身喝好湯

黑蒜白木耳烏骨雞湯 延伸食譜／山藥黑豆羊肉湯　022
白胡椒豬肚雞湯 & 紅油肚絲　024
醃篤鮮　028
蓮藕雞腳花生豬軟骨湯 & 沙茶蓮藕燒軟骨　030
水梨沙參玉竹排骨湯 延伸食譜／紅蘿蔔柿餅豬腱湯　034
牛尾羅宋湯　036
鮮魚番茄豆腐湯　038
素魚翅羹　040
青木瓜竹笙栗子素湯　042

PART ③ 零負評粥粉麵飯

櫻花蝦米糕　　　　　　　　　　　　　　046

麻油栗子鴨肉飯　　　　　　　　　　　　048

虱目魚野菇炊飯　**延伸食譜**／芋頭地瓜飯　　050

山藥排骨糙米粥　**延伸食譜**／滑蛋牛肉粥　　052

蒜泥白肉 & 小卷米粉湯　　　　　　　　　054

乾炒牛河　**延伸食譜**／白菜肉絲炒年糕　　058

番茄鮪魚通心麵　　　　　　　　　　　　060

韓國烤肉雜菜冬粉　　　　　　　　　　　062

PART ④ 賓主盡歡宴客菜

筍絲蹄膀　**延伸食譜**／紅燒肉　　　　　　066

白菜燉獅子頭　　　　　　　　　　　　　068

黑胡椒牛柳　**延伸食譜**／泡菜豬肉卷　　　070

南瓜粉蒸排骨　**延伸食譜**／地瓜粉蒸肉　　072

花雕拼盤：醉雞、醉蛋、醉蝦　　　　　　074

滷大腸頭 & 大腸紅麵線　　　　　　　　　077

港式腐竹羊腩煲　**延伸食譜**／菜心蛤蜊羊肉爐　080

宮保雞丁　**延伸食譜**／左宗棠雞　　　　　082

豉油雞　　　　　　　　　　　　　　　　084

山東燒雞　**延伸食譜**／香茅雞翅　　　　　086

酸菜魚　　　　　　　　　　　　　　　　088

XO 醬百花蒸豆腐　**延伸食譜**／鮭魚彩蔬豆腐煲　090

韭黃叉燒炒蛋　**延伸食譜**／菜脯蛋　　　　092

蛤蜊蒸蛋　**延伸食譜**／芙蓉蒸蛋　　　　　094

羅漢上素　　　　　　　　　　　　　　　096

乾煸四季豆　**延伸食譜**／合菜戴帽　　　　098

目錄

精選菜單

PART 5 新食感異國風味

越南番茄燉牛肉	102
德國香腸酸菜燉豬腳	104
紅酒燉豬腱	106
日式醬滷鮭魚頭 延伸食譜／紅燒魚下巴	108
佃煮秋刀魚	110
西班牙香辣蝦 延伸食譜／西班牙蒜香蘑菇	112
印度素咖哩 延伸食譜／紅咖哩南瓜彩蔬	114

PART 6 療癒滿點甜食味

磅蛋糕	118
紅豆栗子羊羹 延伸食譜／抹茶羊羹	120
杏仁南瓜紅糯米甜粥	122
蘋果無花果菊花茶 延伸食譜／紅棗蓮子銀耳湯	124
黑糖珍珠奶茶 延伸食譜／檸檬薏仁水	126

餐廳菜變家常菜

自序

「朋友嚷著來我家聚餐，説我媽媽做的菜比餐廳好吃呢！」女兒常這樣説。

萬用鍋零失敗第一及第二集以家常菜為中心，深得讀者喜愛。從與粉絲熱絡的互動中，發現很多零廚藝的新手，越煮越有自信和心得，開始只敢嘗試一鍋到底的簡單主食，慢慢做出老公孩子都讚賞的家庭套餐後，甚至信心滿滿想要做出一整桌宴客菜了！

作為一個食譜作者，我很驕傲能成為很多忙碌媽媽的後盾，協助大家開發做菜的潛力，家人滿足的眼神與讚賞，自然能發展成下廚的動力。

第三集我想大膽賦予家常菜更廣的定義，「餐廳菜」或「功夫菜」原指在家裡不容易做到的菜式，得憑廚師的技法、 火候拿捏與耐性、對食材的熟悉及眼光、專業廚房器具才能做出的佳肴。

使用萬用鍋快 3 年了，越用越發現潛力無窮，如果只是用來做簡單的家常菜，實在低估了這台武器的威力啊！尤其是旗艦款的金小萬，把大廚的功力與經驗融合在升級的智慧功能裡，每次挑戰大菜的表現都超越我的期待，讓我驚訝怎麼會那麼容易便成功！「餐廳菜」與「家常菜」快找不到分界線了。

拿著這本祕笈，跟著步驟做，不用顧火，小萬便會一一變出家人許願的餐廳菜。零廚藝也能做出一桌出色的大菜。

不要低估自己做菜的潛力！

感謝家人、飛利浦公司、布克文化、萬用鍋社團、好友的支持與加油，讓我不斷成長並突破，料理的世界讓人生更出色。

秒懂萬用鍋操作，蒸煮燉滷難不倒

廚房家電推陳出新，多功能及省時是趨勢，對小家庭來説，可取代快鍋、電鍋、燜燒鍋、壓力鍋甚至平底鍋的智慧萬用鍋，可説是一鍋抵多鍋，相當實用。相較於傳統燉鍋、壓力鍋，智慧萬用鍋最基本的燉煮功能透過壓力調節，能更有效率讓食材軟化、釋放出營養，過去燉煮菜色得長時間待在廚房顧火、顧鍋，現在有了智慧萬用鍋，再也不需擔心噗鍋、熄火，更能輕鬆優雅上菜，有更多時間與家人相伴。

透過科學化數據，智慧萬用鍋將肉類、海鮮、蔬菜等食材最佳的烹調溫度、時間與壓力值系統化，只要輕鬆按下按鍵，即能自動烹調，即便是廚房新手也不會失敗，更能端出媲美餐廳的佳肴。智慧萬用鍋不僅燉煮功能強大，甚至還可以汆燙、掀蓋煎炒，而高階機型更多了中途加料、收汁入味、調節壓力值等新功能，使用更簡易，以下便以飛利浦旗艦款智慧萬用鍋 HD2195 做示範。

輕鬆圖解萬用鍋 秒懂使用方式

掌握4招 升級大廚好手藝

　　零廚藝也能端出美味，快速上桌！在家想做餐廳等級的大菜一點也不難，只要掌握操作技巧，你也可以是大廚。

🔥 1鍋2吃

快速省時又美味是智慧萬用鍋最強大的特色，而且烹調一道菜，就能變化出兩種吃法！這次示範的白胡椒豬肚雞湯（P.024），選用「煲湯」模式，約花50分鐘即可完成，煮好的豬肚取一半切絲，拌個醬汁調味，立刻變成紅油肚絲，又是一道美味菜肴。

🔥 中途加料

多數密封烹調選單都可使用中途加料，需要不同烹煮時間的食材能適時放入鍋中，口感、美味更升級。肉品與蔬菜熟成時間不同，若同時下鍋，蔬菜會過於軟爛，像是紅酒燉豬腱（P.106）燉豬腱時按下「中途加料」，當提示聲響起後，開蓋放入蘿蔔與馬鈴薯等配菜，再合蓋上鎖繼續烹調，就能達到肉品與蔬菜都完美的口感。

🔥 收汁入味

帶著醬汁的菜肴，若是經大火收汁，能讓醬汁風味濃縮，並裹附在食材外表，向來是美味關鍵。日式醬滷鮭魚頭（P.108）最後一個步驟，便是按下「收汁入味」鍵，讓醬汁水分快速揮發變得濃稠，且因加了冰糖，收汁後，魚皮呈現出晶亮晶亮的色澤，看了就讓人食欲大開。

🔥 自選壓力值

大部分密封模式的壓力值可在20KPA~70KPA任意調整，以這次示範的滷大腸頭（P.077）為例，只要選「豆類/蹄筋」模式，按下「開始烹飪」即可輕鬆完成，若購買的大腸不含較厚的大腸頭，可將壓力值降至35～40KPA，就能達到絕佳的口感。

貼心提醒

若使用綠豆等豆類或白木耳等乾貨，或是白粥等帶著黏稠液體的料理，因烹調時會膨脹，內鍋中的食材和液體記得別超過1/2滿。至於煮飯，水位可參考內鍋內側的水位指示。即使已經按下「開始烹飪」鍵啟動，還是可以按下「保溫/取消」鍵，關閉正在進行的步驟，萬用鍋會進入待機模式。

想參考更多智慧萬用鍋食譜、了解更多操作技巧，歡迎加入「飛利浦MyKitchen健康新廚法」官方網站；社群網站也有許多萬用鍋愛好者組成的社團，像是「飛利浦智慧萬用鍋的料理方法分享園地」facebook社團，歡迎一起加入分享。

「飛利浦MyKitchen健康新廚法」
官方網站
http://www.mykitchen.philips.com.tw/

「飛利浦智慧萬用鍋的料理方法分享園地」
https://www.facebook.com/
groups/257779554349366/

PART **1** 元氣滿滿
吃早餐

厚蛋烤肉三明治

早餐吃飽飽,一整天才有活力!台式口味三明治
重點在於內餡一定要夾醃過再烤的肉片,搭配煎
得厚厚的蛋,若是再喝杯紅茶牛奶,那就更對味
了。吃飽喝足,一整天都充滿了活力!

烹調時間 ┃ 15 分

難易度 ┃ 🔥🔥🔥🔥🔥

材料	1～2 人份
吐司	2 片
豬里肌	2 片（120 克）
雞蛋	2 顆
起司片	1 片
鮮奶	2 茶匙
鹽	1/8 茶匙
黑胡椒	少許
奶油	1 茶匙
美乃滋	1/2 茶匙
番茄醬	1/2 茶匙
油	1/2 湯匙

醃料	
醬油	1 茶匙
糖	1/2 茶匙
蒜頭（末）	1 瓣
薑汁	1/8 茶匙
米酒	1/4 茶匙
黑胡椒	少許

步驟

1　豬里肌以敲肉棒敲打斷筋及敲薄，加醃料抓醃冷藏 15 分鐘。

2　選「烤雞」模式及「開始烹飪」，放吐司烤 5 分鐘至金黃色，中途翻面。

3　雞蛋加鮮奶及鹽打勻。內鍋加油，選「烤肉」模式及「開始烹飪」，油熱下 1/2 蛋液，把蛋液撥成比吐司略小的方塊，半熟時再淋剩下的蛋液，邊煎邊堆疊成厚蛋形狀，煎熟成厚蛋夾餡。

4　內鍋再加油，選「烤肉」模式及「開始烹飪」，撥除豬里肌肉上的蒜末，入鍋烤熟，中途需翻面，煎好對切。

5　1 片烤吐司抹奶油，依序鋪起司片、豬里肌肉、厚蛋，灑少許黑胡椒。

6　取第 2 片烤吐司抹奶油、美乃滋及番茄醬，蓋在厚蛋上成三明治，對切成 2 份即可。

Tips

抹醬可依喜好選擇，例如花生醬；夾餡可搭配萵苣、小黃瓜等清爽蔬菜。

■ 延伸食譜　　　　　**玉米蛋酪梨墨西哥卷餅**

3 湯匙甜玉米粒與 2 顆雞蛋加 1/8 茶匙鹽打發均勻；半顆酪梨去皮壓成泥，加 1/2 湯匙檸檬汁拌勻。內鍋加 1 茶匙油，按「烤雞」模式及「開始烹飪」，倒入玉米蛋液煎熟後取出。內鍋放 1 張墨西哥餅皮，兩面烤熱後取出。將酪梨泥抹在餅皮上，鋪玉米蛋及生菜，擠美乃滋及少許辣椒醬，灑黑胡椒，將餅皮捲起即可。

烤雞里肌水波蛋沙拉

雞里肌與雞胸一樣都含高蛋白且低脂，但口感比
雞胸肉滑嫩多了。早餐煎幾片，加上雞蛋、蔬菜、
水果、堅果及無糖優格，就是營養 100 分的完
美早餐。吃飽了，精神奕奕迎接一天的挑戰！

烹調時間 ｜ 10 分

難易度 ｜ 🔥🔥🔥🔥🔥

材料	1人份
雞里肌	120 克
雞蛋（室溫）	1 顆
萵苣葉（段）	4 片
紅石榴	1 湯匙
醃料	
鹽	1/2 茶匙
黑胡椒	少許
橄欖油	1/2 湯匙

步驟

1　雞里肌加醃料拌勻，冷藏 10 分鐘。萵苣葉洗淨
瀝乾。

2　內鍋加水（分量外）至刻度 5，選「烤雞」模式
及「開始烹飪」，水煮開後，把蛋打進煮蛋器煮
5 分鐘成半熟水波蛋備用。

3　選「烤雞」模式及「開始烹飪」，將雞肉鋪在內
鍋，每面煎 2 分鐘至熟。

4　雞肉及水煮蛋鋪在萵苣上，灑紅石榴。

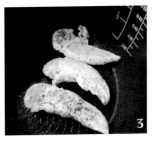

Tips

1. 若沒有煮蛋器，可先將雞
蛋打入小碗，內鍋加水（分
量外）至刻度 5，選「烤肉」
模式及「開始烹飪」將水燒
開，以湯匙在水中畫圈成漩
渦，將蛋滑入漩渦中央，煮
4～5 分鐘至喜歡的熟度，
取出蛋瀝乾水分即為水波蛋。
2. 紅石榴可選當季水果或葡
萄乾、蔓越莓等替代。

■ 延伸食譜　　糯玉米白花椰菜沙拉

1 根玉米切 4 公分塊，50 克白花椰菜切小朵，
洗淨瀝乾。內鍋加 1 茶匙橄欖油及 1 湯匙奶油，
按「焗烤時蔬」模式及「開始烹飪」，奶油融化
後，放玉米及白花椰菜，合蓋不上鎖，2 分鐘後
打開翻面，完全烤熟後灑少許鹽拌勻。淋 2 湯匙
巴薩米可醋與 2 茶匙糖混合成的醬汁（或其他沙
拉醬），灑巴西里。

吃 巧 也 吃 飽

迷你韭菜盒

很愛吃韭菜盒，比起韭菜水餃，韭菜盒餡料裡鮮
味十足的蝦皮比絞肉更香甜，與韭菜味道真是絕
配。裡頭的豆乾及彈牙冬粉讓口感更豐富，加上
蛋鬆的香氣，配一杯豆漿便是滿分早餐。但早餐
吃傳統韭菜盒，分量稍嫌過大，在家改用水餃皮
做成迷你版，便不怕吃到肚子撐了。

烹調時間 | 20 分

難易度 | 🔥🔥🔥🔥🔥

材料	30 顆
水餃皮	30 張
韭菜	100 克
雞蛋（打發）	2 顆
蝦皮	1 又 1/2 湯匙
冬粉	1/2 把
五香豆乾（切末）	70 克
油	2 又 1/2 茶匙

調味料	
糖	1/8 茶匙
鹽	1/2 茶匙
醬油	1/2 湯匙
胡椒粉	少許
香油	1/2 茶匙

步驟

1　韭菜洗淨瀝乾切丁。蝦皮泡洗瀝乾。冬粉泡軟剪成 1 公分段。所有調味料混合。

2　內鍋加 1/2 茶匙油，選「烤雞」模式及「開始烹飪」，油熱倒入蛋液，炒成蛋鬆取出。

3　內鍋加 1/2 茶匙油，選「烤海鮮」模式及「開始烹飪」，油熱爆香蝦皮後取出。

4　內鍋加 1/2 茶匙油，選「烤雞」模式及「開始烹飪」，油熱倒入豆乾翻炒，加調味料煮熱拌勻，按「保溫/取消」，放入冬粉拌勻後，倒進深碗，放涼後加蛋鬆及生的韭菜混合成餡料。

5　將 2 茶匙餡料放在水餃皮上，對折後收邊呈半月形成韭菜盒。

6　內鍋加 1 茶匙油，選「烤雞」模式及「開始烹飪」，取適量韭菜盒鋪在內鍋底（不要重疊），煎 3 分鐘後翻面，將兩面煎至金黃色即可起鍋。可分批煎。

Tips

1. 韭菜盒收邊可使用小叉子在邊緣輕壓成花邊狀。
2. 調味料煮熱與冬粉拌勻後，需放涼才能拌入韭菜，以免韭菜過熟。
3. 韭菜盒水煮後便是韭菜冬粉水餃。

鮮蝦腐皮卷

港式飲茶點心有不少鮮蝦做成的點心，像蝦餃、
蝦仁腸粉、鮮蝦雲吞和鮮蝦腐皮卷等。餡料裡不
可缺的配角是韭黃，軟嫩的韭黃除了顏色漂亮，
香氣與微微的辛辣正好去除蝦仁腥味，只留下蝦
的鮮甜味，難怪蝦仁點心如此受歡迎。

烹調時間 ｜ 08 分

難易度 ｜ 🔥🔥🔥🔥🔥

材料	12 條
去殼蝦仁	275 克
豬絞肉	90 克
韭黃（丁）	50 克
木耳（絲）	20 克
香菜葉（末）	1 湯匙
半圓形豆腐皮	2 張
鹽（洗蝦仁）	1/2 湯匙

調味料

鹽	1/2 茶匙
糖	1/2 茶匙
米酒	1/2 茶匙
香油	1 茶匙

醬汁

蠔油	1 湯匙
糖	1/4 茶匙
米酒	1/8 茶匙
熱水	1 又 1/2 湯匙
香油	少許

步驟

1 蝦仁放深碗，加蓋過蝦仁的水，加鹽拌勻，將蝦仁泡淡鹽水 5 分鐘，以清水清洗 2 回後瀝乾，剁碎成蝦泥。

2 混合蝦泥、絞肉、韭黃、木耳及香菜末，加調味料，以手將餡料順著同方向攪拌及拋甩後，蓋保鮮膜冷藏 10 分鐘。

3 將豆腐皮切成 6 等份（切蛋糕三角形），取約 40 克餡料鋪在豆腐皮上，包捲成條狀成腐皮卷，開口抹點麵糊（適量太白粉加水混合）封口。

4 將腐皮卷平放在盤子上，不要重疊，可分批蒸。內鍋加 1 杯水，放入蒸架及盤子，合蓋上鎖，選「健康蒸」模式及「開始烹飪」。

5 醬汁拌勻。完成提示聲響起，解鎖開蓋，倒掉盤子上的水，淋醬汁即可。

Tips

1.腐皮可以在素食雜貨店等購買。
2.將蝦泥順著同方向攪拌及拋甩，可幫助蝦泥排出空氣，吃來更有彈性。
3.豬絞肉需帶點肥（肥 3：瘦 7），口感較好。

■ 延伸食譜　　　　　　高麗菜卷

使用同樣的餡料，但將豆腐皮改為汆燙過的高麗菜葉，捲起時可使用牙籤輔助固定，一樣在內鍋加 1 杯水，放入蒸架及盤子，合蓋上鎖，選「健康蒸」模式及「開始烹飪」即可完成。

青花椰菜濃湯

冷冷的秋冬早上，出門前不妨喝一碗暖暖的濃湯，讓腸胃慢慢甦醒吧。粉嫩療癒的薄荷綠色濃湯，包含外食便當裡較難吸收到的蔬菜、雜糧、乳品及堅果，讓你開啟營養活力的一天。

烹調時間 | 15 分

難易度 | 🔥🔥🔥🔥🔥

材料	3 人份
青花椰菜	250 克
馬鈴薯	120 克
洋蔥	75 克
無鹽奶油	10 克
高湯	400ml
牛奶	220ml
麵粉	1 湯匙
鮮奶油	70ml
鹽	1 茶匙
胡椒粉	少許
堅果（可省略）	5 顆

步驟

1　馬鈴薯去皮切丁，青花椰菜切成小朵。

2　內鍋放入無鹽奶油，選「烤肉」模式及「開始烹飪」，當奶油融化後，放入洋蔥翻炒至洋蔥變成透明狀。

3　放馬鈴薯、青花椰菜及 1/2 茶匙鹽略炒後，倒入高湯，續以「烤肉」模式，開蓋煮 8 分鐘至青花椰菜熟透（需避免熟過頭變黃）。

4　牛奶與麵粉打勻至完全溶解無顆粒成麵粉牛奶液，倒入內鍋拌勻，以手持攪拌棒或果汁機打成泥，倒回內鍋。

5　加入鮮奶油，選「烤雞」模式及「開始烹飪」，輕輕攪拌均勻，當湯汁變濃稠後，加鹽及胡椒粉調味。

6　盛盤後，灑上敲碎的堅果即可享用。

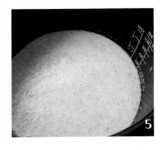

Tips

1. 蔬菜以奶油炒過再水煮，可增加香氣。
2. 青花椰菜若煮過熟會變黃，這道湯品宜使用「無水烹調」模式烹煮，才能保持青綠色。
3. 堅果可選杏仁果、南瓜子或開心果。
4. 不鏽鋼內鍋可使用手持攪拌棒直接把湯打成泥狀。若使用不沾內鍋，需將湯倒至果汁機打成泥，或以其他不鏽鋼深碗裝盛，再使用手持攪拌棒。

PART 2 暖心暖身 喝好湯

鮮甜清香的上海湯品

醃篤鮮

醃篤鮮是上海話,「醃」是家鄉鹹豬肉,「鮮」
是鮮豬肉,「篤」意指用小火煲很久。上海人一
到春天,會趁短短的春筍季好好「篤」一鍋,來
享用筍子清甜。台灣四季都有各種竹筍,使用智
慧萬用鍋不用慢慢「篤」,也一樣好喝!

烹調時間 | 100 分

難易度 | 🔥🔥🔥🔥🔥

壓力值 | 高湯: 煲湯 模式
70KPA

醃篤鮮: 豬肉 / 排骨 模式
50KPA

材料	4～5 人份
家鄉肉	150 克
帶皮五花肉	300 克
竹筍	200 克
百頁結	8 個
高湯	1500ml
紹興酒	1 湯匙
薑	1 片
蔥	1 根
青江菜	2 棵

高湯	
豬大骨 1 支	700 克
雞胸骨 2 副	400 克
薑	1 片
蔥	1 條
水	1500ml

步驟

1. 家鄉肉泡水 2 小時去鹽分，擦乾切 0.7 公分塊狀。竹筍去皮切 2.5 公分滾刀塊，以熱水汆燙。青江菜洗淨瀝乾。

2. 內鍋下薑、蔥、大骨、雞胸骨及豬五花肉，加水（分量外）蓋過材料，選「烤雞」模式及「開始烹飪」，汆燙 8 分鐘去血水，取出沖洗表面雜質。豬五花肉留下備用，去除薑蔥。

3. 內鍋洗淨，放大骨、雞胸骨，注水蓋住材料，合蓋上鎖，選「煲湯」模式，按「開始烹飪」鍵，烹飪完成提示聲響起，解鎖開蓋，過濾成高湯。

4. 高湯加薑、蔥、紹興酒及家鄉肉，選「烤雞」模式及「開始烹飪」煮開，加竹筍及豬五花肉，合蓋上鎖，選「豬肉 / 排骨」模式，按「中途加料」及「開始烹飪」。

5. 「中途加料」提示聲響起，解鎖開蓋，放入百頁結，合蓋繼續烹飪。

6. 完成提示聲響起，選「焗烤時蔬」模式及「開始烹飪」，放青江菜煮熟。

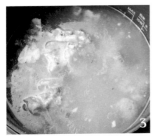

Tips

1. 自己熬的大骨雞骨高湯顏色奶白，也可選用市售高湯縮短烹調時間。
2. 春筍、麻竹筍、冬筍皆可做醃篤鮮，但以春筍的風味最優。

沙茶蓮藕燒軟骨

蓮藕雞腳花生豬軟骨湯

蓮藕雞腳花生豬軟骨湯 &
沙茶蓮藕燒軟骨

1鍋
2吃

最喜歡用豬軟骨來煲湯了，萬用鍋可調的壓力值
能讓軟骨達到不同口度，不論如蹄筋般的軟嫩，
或咬起來有聲的脆爽，隨著心情，簡單按個鍵就
可以達到。鬆軟清甜的蓮藕，加上散發堅果香氣
的花生，還有膠原蛋白雙倍豐富的軟骨加雞腳，
甜美的湯頭喝到嘴唇都黏住了。

蓮藕雞腳花生豬軟骨湯

烹調時間 | 80 分

難易度 | 🔥🔥🔥🔥🔥

材料	4人份
蓮藕	500 克
豬軟骨	600 克
雞爪	6 隻
花生	60 克
薑	2 片
水	1500ml
鹽	1/2 茶匙

清 甜 滋 潤 又 美 肌

水梨沙參玉竹排骨湯

港式煲湯四季材料不同，能幫助身體適應季節變化，春天去濕、夏天清熱、秋天滋潤、冬天補身。像秋季天氣乾燥，喉嚨及皮膚容易發癢，為家人煲一鍋清甜滋潤的靚湯，利用水梨及藥材煲湯，能生津潤燥和養顏美肌。

烹調時間	100分
難易度	🔥🔥🔥🔥🔥
壓力值	煲湯 模式 70KPA

<table>
<tr><td colspan="2">材料　4～5人份</td></tr>
</table>

材料	
豬軟骨	600 克
水梨	600 克
紅蘿蔔	1 條
玉米	1 條
白木耳	10 克
沙參	15 克
玉竹	15 克
南杏	30 克
北杏	10 克
無花果	2 顆
水	1400ml
鹽	1/2 茶匙

步驟

1　內鍋放入豬軟骨，加水（分量外）蓋過食材，選「烤雞」及「開始烹飪」，開蓋汆燙 8 分鐘去血水後取出，以清水沖除雜質。若直接加熱水汆燙，約 5 分鐘即可。

2　沙參、玉竹、南杏、北杏及無花果沖洗乾淨，白木耳泡發撕成小朵，水梨及紅蘿蔔削皮切 2.5 公分塊狀，玉米切約 2 公分段。

3　所有材料放進內鍋，注水，合蓋上鎖，選「煲湯」及「開始烹飪」。

4　完成後加鹽調味。

■ 延伸食譜　　　　　　　**紅蘿蔔柿餅豬腱湯**

2 條紅蘿蔔切滾刀塊，2 顆柿餅及 10 顆紅棗泡洗乾淨。300 克豬腱肉切大塊，放入內鍋注水，按「烤雞」模式及「開始烹飪」汆燙 8 分鐘後取出，沖水洗淨表面雜質，內鍋洗淨。將所有材料放入內鍋，注水 1300ml，合蓋上鎖，按「豬肉/排骨」模式及「開始烹飪」，完成後解鎖開蓋，加鹽調味即可。

Tips

1. 沙參、玉竹、南杏、北杏可在中藥行購買。
2. 豬軟骨或豬腱煲出來的湯頭較清澈，而排骨的湯色較濃白。

賣 相 華 麗 色 澤 豔

牛尾羅宋湯

俄羅斯友人家宴端出來的羅宋湯，色澤像紅寶石般深紅通透發亮，與桌上的紅水晶杯互相輝映，華麗不已。原來正宗的羅宋湯是以大量甜菜根配蔬菜及牛肉燉煮，可完全不加番茄！羅宋湯與番茄蔬菜湯是兩種完全不同風味的湯品！

烹調時間	100分
難易度	🔥🔥🔥🔥🔥
壓力值	牛肉／羊肉 模式 60KPA

材料	4～5人份
牛尾	500克
甜菜根（絲）	500克
高麗菜（絲）	250克
馬鈴薯（絲）	250克
紅蘿蔔（絲）	1條
洋蔥（中型）	1顆
香菜根（末）	1茶匙
蒜頭（末）	1湯匙
檸檬汁	2湯匙
水	1300ml
鹽	1茶匙
油	2茶匙

步驟

1　內鍋加1茶匙油，選「烤雞」模式及「開始烹飪」，油熱將洋蔥炒軟取出。再加1茶匙油，下甜菜根並灑1湯匙檸檬汁炒軟，取出備用。

2　內鍋下牛尾，加水（分量外）蓋過材料，選「烤雞」模式及「開始烹飪」，汆燙8分鐘去血水，取出沖除表面雜質。

3　內鍋洗淨，放牛尾，注水，合蓋上鎖，選「牛肉/羊肉」模式，按「中途加料」及「開始烹飪」。

4　「中途加料」提示聲響起，解鎖開蓋，放入所有蔬菜及香菜根，合蓋繼續烹煮。

5　完成提示聲響起，選「焗烤時蔬」模式及「開始烹飪」，加蒜及檸檬汁拌勻煮3分鐘，加鹽。。

Tips

1. 甜菜根容易將布料染色，備料時需小心衣服。

2. 牛尾帶皮或不帶皮皆可，也可改用牛腱或牛肋代替。

3. 東歐吃法會在湯上放1湯匙優酪乳，拌勻後類似濃湯。

奶白湯頭味香醇

鮮魚番茄豆腐湯

香港西貢一家出名的星級海鮮餐廳，客人必點的
是「例湯」，數十年如一日，簡單以番茄、馬鈴
薯及當天鮮魚烹煮，奶白湯頭鮮甜至極。這也是
香港家庭的家常湯品，當天在市場買到的便宜鮮
魚，搭配番茄及蔬菜滾煮一下就能完成。

烹調時間 | 30 分

難易度 | 🔥🔥🔥🔥🔥

壓力值 | 健康蒸 模式
20KPA

材料	3～4 人份
黃魚	500 克
番茄	400 克
紅蘿蔔	120 克
板豆腐	1 盒
山茼蒿或菠菜	6 根
薑	3 片
滾水	1000ml
鹽	1/2 茶匙
胡椒粉	少許
油	1 湯匙

醃料	
鹽	1/2 茶匙
太白粉	2 茶匙

步驟

1 黃魚擦乾水分，灑鹽，拍薄薄一層太白粉。番茄去籽切塊，紅蘿蔔去皮切 2 公分滾刀塊，板豆腐切 2 公分丁，青菜洗淨。

2 內鍋加油，選「烤雞」模式及「開始烹飪」，油熱爆香薑片，下黃魚煎 5 分鐘至表面微焦，翻面煎香，不需煎熟。

3 倒入剛煮沸的熱水，選「烤海鮮」模式及「開始烹飪」，開蓋煮 8 分鐘。

4 放番茄、紅蘿蔔及豆腐，合蓋上鎖，選「健康蒸」模式，「時長」延長至 10 分鐘，按「開始烹飪」。

5 完成提示聲響起，解鎖開蓋，放青菜煮熟，加鹽及胡椒粉調味。

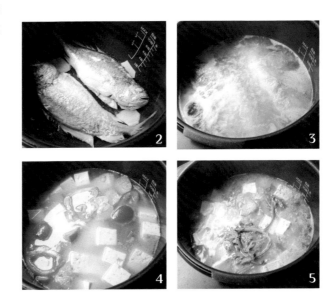

Tips

1. 一定要使用非常熱的滾水倒在剛煎好的魚上，然後以大火烹煮，湯色才會奶白。

2. 黃魚、紅目鰱、赤鯮、石狗公皆適合做這道魚湯。若怕湯裡有魚刺，可將煎好的魚放在中大型茶葉袋裡，再加熱水煮湯。

誘 人 的 傳 統 辦 桌 菜

素魚翅羹

傳統辦桌總能看到魚翅羹，那滑順的芡汁、豐富
的口感，向來引人入勝，但為了環保，可別花大
錢買魚翅，以素魚翅取代，加上絕佳調味比例，
保證能讓大家吃得眉開眼笑。

烹調時間 | 20 分

難易度 | ♦♦♦♦♦

壓力值 | 健康蒸 模式
20KPA

材料	5～6人份	調味料	
素魚翅	40 克	鹽	1 又 1/2 茶匙
乾香菇	2 朵	糖	1 又 1/2 茶匙
素肉絲	15 克	烏醋	4 茶匙
娃娃菜或大白菜（段）	200 克	醬油	3 茶匙
紅蘿蔔（絲）	100 克	胡椒粉	適量
鮮黑木耳（絲）	80 克		
竹筍（絲）	80 克		
乾金針	8 克		
薑	1 片		
素高湯	1200ml		
油	1/4 茶匙		
太白粉水	3 茶匙		
香油	1 茶匙		

步驟

1　素魚翅、素肉絲分別泡發瀝乾。香菇泡發後
　　切絲。金針洗淨泡軟。

2　內鍋加油，選「烤雞」模式及「開始烹飪」，
　　放入薑片，將香菇、素肉絲、紅蘿蔔、竹筍
　　及娃娃菜爆香。

3　黑木耳、高湯及所有調味料加入內鍋拌勻，
　　選「烤雞」模式及「開始烹飪」，保持開蓋，
　　煮 10 分鐘後，加入素魚翅及金針拌勻，再煮
　　5 分鐘，以太白粉水勾薄芡，灑香油即可。

Tips

1. 太白粉水的水與太白粉比例為 2：1。
2. 烏醋分量可先加一半，等所有調味料加完後，試完味道再決定是否添加剩下的烏醋，調整到
適合的酸度，也可一半烏醋、一半白醋。

舒爽香甜有層次

青木瓜竹笙栗子素湯

其實煲湯不一定要放肉，第一次以腰果取代肉類
煲素湯時，湯汁出乎意料之外地好喝，香濃的甜
味不會覺得澀及單薄，蔬果味道也更有層次，喝
完腸胃好舒暢。

烹調時間 | **80** 分

難易度 | 🔥🔥🔥🔥🔥

壓力值 | 豆類/蹄筋 模式
50KPA

材料 　4～5人份

青木瓜	450 克	花生	60 克
乾香菇（泡發）	10 克	栗子（去皮）	100 克
鴻喜菇	50 克	腐竹（6 公分段）	40 克
美白菇	50 克	薑	1 片
紅棗	8 顆	水	1200ml
竹笙	5 克	油	1/4 茶匙
眉豆	60 克	鹽	1 茶匙

步驟

1　青木瓜去皮去籽切塊；眉豆、花生、栗子、
　　紅棗、腐竹和竹笙洗淨。

2　內鍋加油，選「烤雞」模式及「開始烹飪」，
　　放入薑片，爆香香菇、鴻喜菇及美白菇。

3　所有材料放進內鍋，加水，合蓋上鎖，按「豆
　　類 / 蹄筋」模式及「開始烹飪」鍵，完成提示
　　聲響起，加鹽調味即可。

Tips

處理竹笙時，先洗淨再泡溫水約 30 分鐘，切除頭尾，留中段約 10 公分長，再放入
加了少許白醋的熱水汆燙，可去除竹笙異味 。

PART **3**

零負評
粥粉麵飯

香 Q 味濃會涮嘴

櫻花蝦米糕

糯米飯通常有兩種做法,一種是料與糯米先炒過
同煮,另一種則是將糯米先煮好,然後拌入炒過
的配料及調味料。對新手來說,糯米先煮後拌,
對於控制味道的鹹甜濃淡較有把握,而糯米也會
更 Q。

烹調時間 | 30 分

難易度 | 🔥🔥🔥🔥🔥

壓力值 | 米飯 模式
30KPA

材料	5 人份
長糯米	2 杯（量米杯）
水	200ml
豬肉絲	30 克
乾香菇	100 克
櫻花蝦	25 克
油蔥酥	1 湯匙
薑	1 片
油	5 茶匙

醃料

醬油	1 茶匙
糖	1/2 茶匙
太白粉	1/2 茶匙

調味料

醬油	3 湯匙
米酒	1 又 1/2 湯匙
糖	2 茶匙
鹽	1/2 茶匙
胡椒粉	少許
水	3 湯匙

步驟

1 肉絲加醃料抓醃，冷藏 15 分鐘。乾香菇泡軟切薄片。櫻花蝦沖洗瀝乾。

2 長糯米洗淨瀝乾，加 200ml 水，合蓋上鎖，選「米飯」，按「開始烹飪」。糯米飯煮好後取出。

3 內鍋洗淨擦乾水分，加 2 茶匙油，選擇「烤肉」及「開始烹飪」鍵，油熱下櫻花蝦，炒約 4 分鐘至非常乾並飄出香氣後取出。

4 加 3 茶匙油，選擇「烤雞」模式及「開始烹飪」，將薑片、油蔥酥炒香，加豬肉絲炒至半熟，再倒入香菇絲炒勻，下調味料煮開，按下「保溫/取消」鍵。

5 倒入糯米飯拌勻成油飯，放入深盤或蒸籠。

6 內鍋洗淨，倒入 1 杯水，放蒸架，將油飯深盤放在架上，合蓋上鎖，選「健康蒸」模式，「時長」降為 5 分鐘，按「開始烹飪」，完成後取出，灑櫻花蝦及香菜。

Tips

糯米烹調前不需浸泡。

鮮甜甘美魚脂香

虱目魚野菇炊飯

台灣的虱目魚每個部位都有愛好者，近年在超市
也提供多種選擇的虱目魚部位，有魚肚、背肉，
甚至還買得到魚皮。皮下附著少許魚肉的魚皮，
帶著些許油脂，又不似魚肚般油膩，當魚脂與菇
香融入炊飯裡，猶如海邊野炊般的風味。

烹調時間 ｜ 40 分

難易度 ｜ 🔥🔥🔥🔥🔥

壓力值 ｜ 米飯 模式
30KPA

材料	4〜5 人份
虱目魚皮	150 克
綜合菇	150 克
白米	2 杯（量米杯）
鰹魚高湯	290ml
油	2 茶匙

醃料

鹽	1/4 茶匙
胡椒粉	少許

步驟

1　100 克虱目魚皮切 1.5 公分丁狀，另 50 克切 5 公分段，一起加醃料拌勻，冷藏醃 15 分鐘。綜合菇中較大的菇切片。白米洗淨瀝乾。

2　內鍋加 1 茶匙油，按「烤雞」模式及「開始烹飪」，將虱目魚兩面煎香後取出，下綜合菇炒約 4 分鐘至水分蒸發後取出。

3　內鍋放白米，倒入高湯，平鋪魚肉丁及綜合菇，合蓋上鎖，按「米飯」模式，按「開始烹飪」鍵。

4　烹調完成提示聲響起，解鎖開蓋，將材料與米飯拌均勻即可盛碗。

5　內鍋加 1 茶匙油，按「烤雞」模式及「開始烹飪」，將虱目魚皮段與較大的菇類煎至金黃色，取出鋪在飯上。

Tips

1. 煮飯的水量需扣除液體調味料的分量，煮出來的米飯才不會過軟。
2. 與米同煮的材料鋪平後，不宜高過水量。
3. 虱目魚可改以鮭魚代替。

■ 延伸食譜　　　　　　　　**芋頭地瓜飯**

芋頭及地瓜各 80 克去皮切小丁。白米 1 又 3/4 杯（量米杯）洗淨瀝乾放入內鍋，加芋頭及地瓜拌勻，加 360ml 水，合蓋上鎖，選「米飯」模式即可。

免顧火超輕鬆

山藥排骨糙米粥

懶人料理常被誤解為沒營養的速食料理，實質是
大忙人在忙碌生活中，還能兼顧營養健康的菜
色。懶到不需顧火的養生湯粥，一整鍋藥食同
源，能提供身體充足的營養，懶人必學。

烹調時間 ｜ 50 分

難易度 ｜ 🔥🔥🔥🔥🔥

壓力值 ｜ 豬肉/排骨 模式
　　　　50KPA

<table>
<tr><td>材料</td><td colspan="2">4～5 人份</td></tr>
</table>

豬小排	400 克
山藥	150 克
蓮子	20 顆
糙米	1 杯（量米杯）
水	8 杯（量米杯）
枸杞	1 湯匙

醃料

薑（絲）	1 片
鹽	1 茶匙
胡椒粉	少許
太白粉	1/2 茶匙
油	1/2 湯匙

步驟

1　豬小排加醃料抓醃，冷藏 30 分鐘。山藥去皮切 2 公分塊狀。

2　糙米洗好瀝乾內鍋，倒入豬小排、山藥、蓮子、及水。合蓋上鎖，按「豬肉 / 排骨」，按「開始烹飪」鍵。

3　完成提示聲響起，解鎖開蓋，放入枸杞攪拌均勻即可。

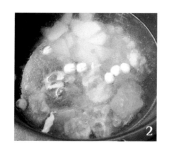

Tips

1.想要濃一點的湯粥，完成提示聲響起後可按「收汁入味」，再煮 3 ～ 5 分鐘將湯汁收至濃稠。

2.醃過的豬小排鹹味會釋放到粥裡，煮好後不需再調味。

■ 延伸食譜　　　　　　　滑蛋牛肉粥

1 杯白米洗淨瀝乾，以 1/2 茶匙鹽及 1/2 湯匙油拌勻醃 20 分鐘。白米放內鍋，加 9 杯水，合蓋上鎖，選「煮粥」及「開始烹飪」鍵。牛肉片加蒜末及水抓醃，加太白粉拌勻。白粥煮好後，打開鍋蓋，按「烤海鮮」模式，放牛肉片燙熟，加鹽調味，盛碗後打生雞蛋即可享用。

蒜泥白肉

小卷米粉湯

蒜泥白肉&小卷米粉湯

1鍋
2吃

宴客小兵立大功，只要一鍋到底，就能變化出兩
道餐廳等級的菜式，實在太省事了！不但能將小
卷豪邁整隻上桌，花點心思將蒜泥白肉切割整齊
精細擺盤，保證讓賓客吃得滿意，主人家也很有
面子。

烹調時間 | **60** 分
難易度 | 🔥🔥🔥🔥🔥
壓力值 | **煮粥** 模式
20KPA

蒜泥白肉

| 材料 | 3～4 人份 |

帶皮豬五花肉（整塊）　450 克
小黃瓜（切薄片）　　1～2 根

醬料：

蒜頭（末）	20 克	冷開水	2 茶匙
醬油膏	3 湯匙	糖	1 茶匙
醬油	1 茶匙	香油	1 茶匙

1 豬五花肉整塊放入內鍋，加水（分量外）蓋過
食材，選「烤雞」模式及「開始烹飪」，汆燙 8
分鐘去血水後取出，以清水沖除雜質。若直接加
熱水，汆燙 5 分鐘即可。

2 內鍋加油，選「烤雞」模式及「開始烹飪」，依
序爆香小卷米粉湯材料中的紅蔥酥、香菇及蝦
米，按「保溫／取消」。

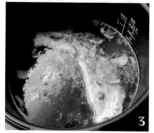

3 放入五花肉，倒水，合蓋上鎖，按「煮粥」模式，
「壓力值」降為 20KPA，按「開始烹飪」。

4 完成後取出豬肉泡冰水至豬肉完全變涼，取出瀝
乾，放冰箱冷藏 10 分鐘後，切成 0.3 公分厚片，
與小黃瓜片盛盤，上桌前淋混合均勻的醬汁即
可。內鍋剩餘的湯汁便是「小卷米粉」的高湯。

Tips

1. 豬肉剛煮好即切很容易碎裂，放涼後變硬一些時，才容易切出完美形狀又不燙手。
2. 若單獨做小卷米粉湯，因沒有利用五花肉煮成的高湯，建議爆香紅蔥酥、香菇及蝦米後，直
接加現成高湯煮 10 分鐘，再放入米粉同煮。
3. 若只單獨做蒜泥白肉，煮肉的水量只需蓋過豬肉，可加薑片及蔥替代紅蔥酥、香菇及蝦米。
4. 米粉非常吸湯，若湯量不夠可再加高湯。

小卷米粉湯　烹調時間｜15 分

材料　3 ~ 4 人份

小卷	400 克	水（或高湯）	1500ml
乾香菇	20 克	芹菜莖（末）	2 根
蝦米	1 又 1/2 湯匙	鹽	1 茶匙
紅蔥酥	2 湯匙	胡椒粉	適量
米粉	200 克	油	2 茶匙

步驟

1　小卷去軟骨及眼睛，洗淨瀝乾。乾香菇泡軟切絲，蝦米泡水，米粉泡軟。

2　按「烤海鮮」模式加熱內鍋剩下的高湯，放入米粉開蓋煮 8 ～ 10 分鐘至軟。

3　放入小卷煮熟，加鹽及胡椒粉調味。可與蒜泥白肉搭配成套餐。

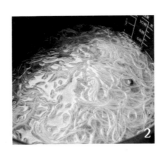

情牽香港的經典口味

乾炒牛河

乾炒牛河對每一代香港人都牽連著不同情感，縱使大小餐館都可吃到，但我最懷念的是學校飯堂午餐版本。師傅拿著大鏟子翻炒，鏗鏘有聲，滑嚕嚕河粉搭著脆脆豆芽菜就很好吃，牛肉反而是配角，當初一客才港幣5元，真是往事只能回味。

烹調時間 | 50分

難易度 | 🔥🔥🔥🔥🔥

材料	5 人份
扁型粄條	500 克
牛肉片	50 克
綠豆芽	80 克
韭黃	40 克
蔥	4 根
油	3 茶匙

牛肉醃料

醬油	1 湯匙
鹽	1/4 茶匙
糖	1/4 茶匙
米酒	1 湯匙
水	3 湯匙
太白粉	1/2 湯匙
油	2 湯匙

調味料

醬油	4 茶匙
老抽	1 湯匙
糖	1 湯匙

步驟

1 牛肉加醃料抓醃至水分被吸收，放冰箱冷藏 15 分鐘。粄條切 1 公分寬條，輕輕攤開每一段粄條。

2 內鍋加 2 茶匙油，選擇「烤肉」模式及「開始烹飪」，油熱放入牛肉煎至 7 分熟，取出。

3 加 1 茶匙油，倒入粄條輕輕拌炒並吸收肉汁，按「保溫／取消」，倒入調味料，加韭黃及豆芽、蔥輕輕與粄條拌勻。

4 選擇「烤雞」模式及「開始烹飪」，牛肉回鍋拌炒均勻即可。

Tips

1. 牛肉打水醃漬，可讓牛肉吃來更滑嫩多汁。

2. 綠豆芽不要炒過頭，才能保持爽脆口感。

3. 如沒有老抽，可改用 2 茶匙醬油加 1 茶匙糖替代。

4. 此食譜以拌炒法烹調，比傳統大火快炒更少油健康。

延伸食譜　　白菜肉絲炒年糕

100 克豬肉絲以 1/2 茶匙醬油、1/8 茶匙糖、少許胡椒粉、1/4 茶匙香油醃 10 分鐘。內鍋加油，選擇「烤雞」及「開始烹飪」爆香蒜末及蔥段，加豬肉絲炒至 7 分熟。加入 300 克白菜絲及紅蘿蔔絲炒勻。倒入 80ml 高湯煮開，鋪上 250 克上海年糕片，合蓋 2 分鐘將年糕煮軟，開蓋調味，以太白粉水勾芡拌勻即可。

在 地 食 材 巧 變 西 餐

番茄鮪魚通心麵

有天我享受著心目中台灣麵包第一名光頭師傅的
剝皮辣椒巧巴達時,靈機一動,醃漬的剝皮辣椒
滋味比義大利酸豆更有深度,微辣帶甜可平衡番
茄的酸。把這道一鍋到底有深度的通心麵,獻給
十幾年來沒讓我失望過的光頭師傅。

烹調時間 ┃ 10 分

難易度 ┃ 🔥🔥🔥🔥🔥

壓力值 ┃ 豆類 / 蹄筋 模式
　　　　 50KPA

材料	2 人份		
通心麵	160 克	番茄泥	120 克
罐頭水煮鮪魚塊（瀝乾水分）	120 克	巴西里（碎）	1/8 茶匙
小番茄（對切）	100 克	鹽	1/2 茶匙
剝皮辣椒（丁）	1 又 1/2 茶匙	黑胡椒	少許
洋蔥（塊）	100 克	高湯	400ml
羅勒或九層塔葉	10 片	橄欖油	1 湯匙
蒜頭（片）	1 瓣	初榨橄欖油	少許
粗紅辣椒片（怕辣可省略）	1/2 湯匙		

步驟

1 內鍋加橄欖油，選「烤雞」模式及「開始烹飪」鍵，油熱放洋蔥、蒜及紅辣椒片炒香。

2 續放通心麵、鮪魚塊、小番茄、剝皮辣椒、番茄泥、巴西里、鹽、黑胡椒及高湯。

3 合蓋選「健康蒸」，按「時長 / 預約」調至「6 分鐘」，按「開始烹飪」鍵，完成提示聲響起，解鎖開蓋拌勻。

4 盛盤後可灑羅勒葉，並淋少許初榨橄欖油。

Tips

罐頭鮪魚選水煮原味，不要選加味的。與三明治鮪魚相比，鮪魚塊煮起來較不會分散。

充滿愛心全家愛

韓國烤肉雜菜冬粉

韓劇中總有阿珠孃帶著手套做小菜的畫面，以手
在小菜裡用力抓了又抓，非常費力，而味道就是
這樣隨著對家人的愛心抓進食物裡。韓式雜菜冬
粉是我最愛的小菜，好吃的背後到底要包含對家
人多少的愛，真是做過才能體驗啊！

烹調時間 | 15 分

難易度 | 🔥🔥🔥🔥🔥

材料	4〜5人份					

		牛肉醃料		菠菜調味料		
韓國冬粉	100 克	醬油	1 湯匙	蒜頭（末）1/2 茶匙		
牛肉絲	100 克	蒜頭（末）	1 茶匙	鹽	1/4 茶匙	
菠菜（5 公分段）		糖	1 茶匙	麻油	1/2 茶匙	
	100 克	芝麻粒	1/2 茶匙			
紅甜椒（絲）	40 克	清酒	1 茶匙	冬粉調味料		
紅蘿蔔（絲）	40 克	麻油	1 茶匙	糖	1/2 湯匙	
洋蔥（絲）	40 克	胡椒粉	少許	醬油	1 湯匙	
黑木耳（絲）	40 克					
鮮香菇（絲）	40 克	炒菠菜				
雞蛋	1 顆	水	1 湯匙			
蒜頭（末）	1 茶匙	鹽	1/8 茶匙			
麻油	1 湯匙					
白芝麻粒	1 茶匙					
油	4 茶匙					
鹽	1/8 茶匙					

步驟

1　韓國冬粉泡水 1 小時至軟，剪成 12 公分長段。牛肉加醃料抓醃，冷藏 30 分鐘。

2　內鍋加 1 茶匙油，選「烤肉」模式及「開始烹飪」鍵，油熱把分開打勻的蛋白及蛋黃分別煎成片狀，取出切絲備用。

3　內鍋加水及鹽拌勻，選「焗烤時蔬」模式及「開始烹飪」鍵，水熱加入菠菜，合蓋不上鎖，等洩氣閥冒煙時，開蓋取出菠菜泡冷水，擠乾水分，加菠菜調味料拌勻備用。

4　內鍋加 1 茶匙油，選「烤雞」模式及「開始烹飪」鍵，油熱將洋蔥炒至半透明，依序加紅蘿蔔及甜椒炒熟，灑鹽拌勻取出。

5　內鍋加 1 茶匙油，先炒香菇，倒入牛肉及醃醬炒熟，加木耳炒勻後取出。加 1 茶匙油，將冬粉泡在鍋內剩餘醬汁裡，加冬粉調味料拌炒 1 分鐘。

6　取出內鍋，倒入所有材料、蒜、麻油及白芝麻粒拌勻。

Tips

1. 每一種蔬菜都不要炒過熟，保持脆感是美味的祕訣。

2. 韓國冬粉以地瓜粉製成，口感 Q 彈，而台灣冬粉多半以綠豆製成，口感偏軟。

PART 4 賓主盡歡
宴客菜

筍絲蹄膀

近年大小餐廳及超商都花大錢打外帶年菜廣告，主打的菜式中，一整份皮 Q 肉嫩的蹄膀往往是主角。原本需長時間燉煮才會軟嫩的蹄膀及入味筍乾，放進萬用鍋來做真是意外簡單。每年年菜總是忙得喘不過氣來嗎？今年不妨試試睡前先利用萬用鍋預約模式，第二天醒來便做好，不用再訂外帶年菜了！

烹調時間 | **100**分

難易度 | 🔥🔥🔥🔥🔥

壓力值 | **豬肉 / 排骨** 模式
50KPA

材料	5～6 人份
蹄膀	1200 克
筍乾	240 克
蔥（段）	2 根
薑（片）	50 克
蒜（去皮）	6 瓣
醬汁	
醬油	180ml
冰糖	2 湯匙
米酒	1 湯匙
水	1000ml

步驟

1 內鍋放入整塊豬蹄膀，加水（分量外）蓋過豬肉，選「烤雞」模式及「開始烹飪」，水燒開後將豬蹄膀汆燙去血水並定形，取出沖除表面雜質並將豬毛拔淨，將蹄膀塑好形狀，插入竹籤定形。

2 筍乾泡洗 3 遍，放入內鍋加水（分量外）蓋過筍乾，選「烤雞」模式及「開始烹飪」，水燒開後將筍乾汆燙 1 分鐘，取出瀝乾。

3 內鍋先放入蹄膀，再加筍乾、薑、蔥、蒜及所有醬汁材料，水量需淹過食材，蹄膀不能超出最高水位「Max」線。選擇「豬肉 / 排骨」模式，按「開始烹飪」鍵。

4 烹調完成提示聲響起，打開鍋蓋，按「收汁入味」，將醬汁收濃，取出蹄膀置深盤，拔掉竹籤，以筍絲圍邊，淋醬汁。

Tips

1. 蹄膀高度如超出「Max」線，可在汆燙後將底部部分的肉切掉，減低蹄膀的高度。切下的肉放進內鍋燉煮，擺盤時再把邊肉放在蹄膀下。
2. 若宴客，建議可前 1、2 天先做好，讓蹄膀泡在醬汁中冷藏，品嘗前將蹄膀筍乾連醬汁倒回內鍋，再以「烤肉」模式煮熱。

■ 延伸食譜   紅燒肉

800 克豬五花肉切成 4 公分塊，內鍋加油，選「烤雞」及「開始烹飪」，將豬肉煎至微焦取出。倒進 2 湯匙細冰糖，拌炒至呈焦糖色，豬肉回鍋裹上糖色。放入薑蔥蒜爆香，加 4 湯匙紹興酒翻炒、倒 120ml 醬油拌勻，注水至蓋住食材，按「保溫 / 取消」鍵，合蓋上鎖，選擇「豬肉 / 排骨」模式，「壓力值」降為 40KPA，按「開始烹飪」鍵，完成後按「收汁入味」至醬汁濃稠。

白菜燉獅子頭

獅子頭就是肉丸子，可在假日一次做好大量冷凍起來作為常備菜，平日隨時可用，不管燉湯或紅燒都非常省時。還可加幾片大白菜燉湯，獅子頭釋出肉與蝦仁的鮮味，讓湯頭變得更加香醇，本身也吸進白菜清甜，簡簡單單便能做出充滿深度的美味。

烹調時間 | 60 分

難易度 | 🔥🔥🔥🔥🔥

壓力值 | 煮粥 模式
20KPA

材料	4～5 人份

獅子頭（15 顆）

豬胛心肉絞肉	600 克
去殼蝦仁	150 克
荸薺	100 克
雞蛋	1 顆
薑（末）	2 茶匙
麵包粉	1/2 杯
油	1 湯匙

獅子頭調味料

醬油	2 茶匙
糖	1 茶匙
鹽	1/3 茶匙
白胡椒粉	少許
米酒	2 茶匙
太白粉	2 茶匙
香油	少許

湯

大白菜（段）	450 克
高湯	800ml
薑	2 片
蔥（花）	1/2 根

步驟

1　蝦仁去腸剁泥，荸薺切碎。

2　取 1 大碗放入豬絞肉、蝦仁、荸薺、蛋及薑末，輕微攪拌均勻。

3　放入所有調味料與麵包粉，以筷子順同一方向攪拌均勻至黏稠，將肉團甩幾下，以保鮮膜密封冷藏 20 分鐘，取 55 克餡料捏成丸子。

4　內鍋加油，選「烤雞」模式及「開始烹飪」，油熱放入丸子，煎 15 ～ 18 分鐘至金黃色成獅子頭，中途需多翻幾面，獅子頭取出備用。內鍋洗淨擦乾。

5　內鍋鋪薑片及大白菜，放 6 ～ 8 顆獅子頭，注高湯，選「煮粥」模式，「壓力值」降至 20KPA，按「開始烹飪」。

6　完成提示聲響起，盛碗灑蔥花。剩餘未下鍋的獅子頭可密封冷凍保存。

Tips

步驟 4 可改為將肉球放氣炸鍋，溫度 200 度、時間 10 分鐘炸熟。

絕佳中式下酒菜

黑胡椒牛柳

先生下班提著紅酒回家，看到餐桌上擺著筷子
與飯碗，低聲唸著「早上明明看到牛排在解
凍⋯⋯。」但當發現西餐食材變出一道下酒的中
式熱炒時，馬上拿出開瓶器說：「黑胡椒牛柳與
紅酒也很合。」Cheers!

烹調時間 | **10**分

難易度 | 🔥🔥🔥🔥🔥

材料　3～4人份	
牛肩肉	300 克
洋蔥	70 克
甜豆	50 克
紅、黃甜椒	70 克
蒜頭（片）	1 瓣
奶油	1/2 湯匙
油	2 茶匙
粗黑胡椒粉	1/2 湯匙

牛肉醃料

醬油	1 湯匙
糖	1/4 茶匙
米酒	1/2 茶匙
太白粉	1 茶匙

醬汁

醬油	2 茶匙
蠔油	1 茶匙
糖	1/2 茶匙
水	2 湯匙
太白粉	1 茶匙

步驟

1　牛肉切 5×1 公分粗條，加醃料抓醃，冷藏 15 分鐘。

2　洋蔥及甜椒切成與牛肉同大小的粗條，甜豆撕去粗筋，醬汁混勻備用。

3　內鍋加 1 又 1/2 茶匙油，選「烤肉」模式及「開始烹飪」，油熱後下牛肉泡油至 5 分熟取出，以廚房紙巾將內鍋擦乾淨。

4　內鍋加 1/2 茶匙油及奶油，選「烤肉」模式及「開始烹飪」，奶油融化後放入蒜片爆香，加洋蔥及粗黑胡椒粉炒香，放紅、黃甜椒及甜豆翻炒，再倒入醬汁，將牛肉回鍋快速炒勻，醬汁濃稠即可盛盤 。

Tips

粗黑胡椒粉或將黑胡椒顆粒搗碎，以熱油爆炒，能讓香味倍增，比細黑胡椒粉更適合快炒。

■ **延伸食譜**　　　　　　　　**泡菜豬肉卷**

準備 10 片豬里肌火鍋肉片，將 2 茶匙醬油、1 茶匙蠔油、1/2 湯匙清酒及 1 茶匙細冰糖混合成醬汁。肉片鋪平放適量韓國泡菜捲起。內鍋下 1 茶匙油，按「烤雞」及「開始烹飪」鍵，油熱將豬肉卷開口朝下入鍋，開口面定形後翻面，煎至表面微焦，倒調味料，讓豬肉卷外表裹上醬汁，盛盤後灑白芝麻。

討喜外型好吉利

南瓜粉蒸排骨

餐廳的粉蒸排骨總會裝在蒸籠裡，若在家裡宴客，只需花點小工夫，將排骨放進南瓜盅裡，上桌時一定驚豔全場。金色燦爛的南瓜肉，加上圓滾滾的外型，感覺吉祥又福氣十足，節慶來準備一顆吧！

烹調時間 | **30**分

難易度 | 🔥🔥🔥🔥🔥

壓力值 | **豬肉／排骨** 模式
35KPA

材料 | **4人份**

栗子南瓜
　（直徑約14公分）1顆
排骨（豬小排）　　300克
蒸肉粉　　　　　　2湯匙
香油　　　　　　　2茶匙

排骨醃料

蒜頭（末）　　　　2湯匙
薑（末）　　　　　1湯匙
醬油　　　　　　　1湯匙
鹽　　　　　　　1/2茶匙
糖　　　　　　　　1茶匙
甜麵醬　　　　　　1茶匙
水　　　　　　　　1湯匙

步驟

1　排骨加醃料抓醃至水分被吸收，冷藏醃1小時。
2　南瓜切除頂部，以湯匙挖除籽及瓜瓤成南瓜盅。
3　排骨均勻裹蒸肉粉，淋香油，填入南瓜盅，置於平盤上。
4　內鍋加1杯水，放矮蒸架，再放平盤，合蓋上鎖，選「豬肉/排骨」模式，「壓力值」降為35KPA，按「開始烹飪」鍵。
5　烹調完成提示聲響起，即可開蓋取出南瓜。

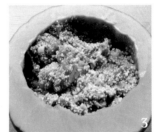

Tips

1.蒸的排骨需剁成小塊，較易入味。
2.選購南瓜時，大小及高度以能放進內鍋及不超過「Max線」為準。大南瓜較不方便從內鍋取出，建議選直徑約14公分或以下的南瓜。
3.也可將南瓜去籽後切大塊置深盤，鋪上醃好裹粉的排骨炊蒸，可節省做南瓜盅的時間。

■ **延伸食譜**　　　　　　**地瓜粉蒸肉**

200克五花肉切厚片，加入各1茶匙的薑末、蒜末、辣豆瓣醬、醬油、糖及紹興酒，及2茶匙水抓醃至水分被吸收，冷藏醃1小時後，拌入4茶匙蒸肉粉。100克地瓜去皮切塊放碗底，鋪五花肉。內鍋加1杯水，放矮蒸架及碗，合蓋上鎖，選「豬肉/排骨」模式，壓力值降為35KPA，按「開始烹飪」鍵，完成後灑蔥花。

色彩繽紛優雅上菜

花雕拼盤：醉蛋、醉雞、醉蝦

酒席第一道菜必是冷菜拼盤，繽紛食材讓人看了便垂涎三尺，為豐盛的宴席揭起序幕。家宴的拼盤，除了外帶燒臘、常見的滷味，只要前一天把花雕拼盤預先準備好，便可優雅端上餐桌，賓客舉筷盡歡。

烹調時間 | 40 分

難易度 | 🔥🔥🔥🔥🔥

壓力值 | 醉雞 健康蒸 模式 20KPA

材料	7～8 人份

花雕醬汁

花雕酒	300ml
雞高湯	300ml
紅棗	8 顆
枸杞	1 湯匙
鹽	1/4 茶匙

醉溏心蛋

有機雞蛋（室溫）	5 顆
鹽	少許
白醋	少許

醉雞腿

無骨雞腿	2 隻
鹽	1 茶匙

醉蝦

帶殼白蝦	250 克
青蔥	2 根

步驟

花雕醬汁

醬汁材料倒入內鍋，選「烤肉」模式及按「開始烹飪」，將醬汁燒開後，放涼成花雕醬汁，分別倒入 2 個密封盒，一個泡雞腿及雞蛋，另一個放蝦子。

醉溏心蛋

1 內鍋加水至刻度 4，選「烤肉」模式，按「開始烹飪」。

2 水燒開後，加白醋及鹽拌勻，放入雞蛋，自行計時煮 6 分半鐘，取出雞蛋泡冰水至完全冷卻。

3 將雞蛋剝殼後，放入醬汁密封盒冷藏 24 小時，即成醉溏心蛋。

Tips

1. 溏心蛋屬半熟蛋，使用有機雞蛋較安全。開始煮蛋的 1 分鐘，以筷子攪拌內鍋的水讓雞蛋翻動，有助蛋黃在中央位置。
2. 醬汁及煮熟的食材務必完全冷卻再浸泡，食材才會有 Q 彈口感。
3. 可在醬汁加當歸、參鬚等藥材添香氣。

醉雞腿

無骨雞腿	2 隻
鹽	1 茶匙

醉蝦

帶殼白蝦	250 克
青蔥	2 根

醉雞腿

1 雞腿擦乾水分，在肉面劃幾刀，但不要切斷，抹鹽醃漬 1 小時。

2 將雞皮朝下，鋪在鋁箔紙上，慢慢與鋁箔紙一起捲成圓柱，可用壽司竹簾輔助捲得更紮實。

3 內鍋加 2 杯水，放入蒸架，將 2 隻雞腿卷放蒸架上，合蓋上鎖，選「健康蒸」模式，「時長」延長至 18 分鐘，按「開始烹飪」。

4 完成提示聲響起後，燜 10 分鐘後開蓋，取出雞卷泡冰水至冷卻。

5 打開鋁箔紙倒出湯汁，取出雞腿卷，放入醬汁密封盒冷藏 24 小時，取出切片盛盤。

醉蝦

1 蝦子煎鬚去沙腸。

2 內鍋加水至刻度 3，選「烤海鮮」模式，按「開始烹飪」。

3 水燒開後，放入蔥與蝦子煮熟，取出蝦子泡冰開水冷卻後，放入醬汁密封盒冷藏 24 小時。

滷大腸頭

大腸紅麵線

痛 快 大 口 嘗

滷大腸頭 & 大腸紅麵線

1鍋
2吃

經過滷味攤時，大腸頭總對我招手。打開餐廳菜單，大腸菜式也總是第一時間抓住我的注意力。想念色澤發亮，滷至軟嫩的大腸到最高點時，乾脆自己滷一鍋，再配上紅麵線，就成了自家大腸套餐，可以吃個痛快！

烹調時間 | 60 分

難易度 |

壓力值 | 豆類 / 蹄筋 模式
50KPA

077

滷大腸頭

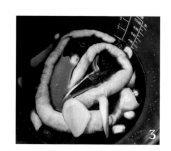

材料　4～5人份

豬大腸頭	600克
麵粉或太白粉	
（洗大腸）	適量
鹽（洗大腸）	適量

醬汁

蒜頭	4瓣
薑（片）	4片
辣椒	2根
蔥（段）	2根
八角	2顆
桂皮	5克
醬油	100ml
醬油膏	2湯匙
冰糖	1又1/2湯匙
米酒	4湯匙
水	400ml

步驟

1　剪去豬大腸外表肥油，灑麵粉、鹽搓洗3分鐘後洗淨，再灑麵粉、鹽和白醋搓洗5分鐘，將豬腸翻出來再搓洗，沖水洗淨。

2　內鍋放大腸，注水（分量外）蓋過，選「烤雞」模式及「開始烹飪」，汆燙8分鐘後取出洗淨瀝乾。內鍋水倒掉洗淨擦乾。

3　大腸放入內鍋，加醬汁拌勻，合蓋上鎖，選「豆類/蹄筋」模式及「開始烹飪」鍵。

4　完成提示聲響起，取出大腸，按「收汁入味」及「開始烹飪」，將滷汁煮至濃稠。大腸放涼後切片，淋滷汁享用。

Tips

1. 清洗大腸可使用粗鹽，搓洗大腸黏液效果較細鹽強。
2. 買回來的大腸如不含較厚的大腸頭，壓力值可降到35～40KPA。

大腸紅麵線

烹調時間 ┃ 30 分

難易度 ┃ 🔥🔥🔥🔥🔥

材料	4～5 人份
滷大腸（切小段）	150 克
紅麵線	150 克
熟竹筍（絲）	50 克
黑木耳（絲）	40 克
蒜頭（末）	3 瓣
紅蔥頭（末）	3 瓣
高湯	1500ml
香菜（末）	適量
油	1/2 湯匙
烏醋	適量

調味料

醬油	2 湯匙
二砂糖	1 湯匙
鰹魚粉	1 湯匙
胡椒粉	1/4 茶匙
鹽	1/4 茶匙

地瓜粉水

地瓜粉	4 茶匙
水	60ml

步驟

1　紅麵線泡水 2 分鐘變軟，瀝乾剪成小段。

2　內鍋加水 1500ml（分量外），選「烤雞」模式及「開始烹飪」，水燒開後放入紅麵線汆燙，以筷子拌開避免成團，再度燒開後，取出泡冷水防沾黏。內鍋洗淨擦乾。

3　內鍋加油，選「烤海鮮」模式及「開始烹飪」，油熱爆香蒜末及紅蔥頭，加竹筍及黑木耳翻炒，倒入高湯煮 8 分鐘。

4　紅麵線瀝乾，放進內鍋煮 6 分鐘，加調味料拌勻，按「保溫 / 取消」，合蓋不上鎖，燜 10 分鐘。按「烤肉」模式及「開始烹飪」鍵，拌入地瓜粉水勾薄芡，放入大腸拌勻即可。品嘗時可加烏醋及香菜。

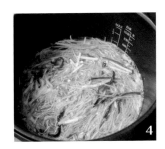

Tips

紅麵線是將白麵線曬乾後烘焙而成，顏色較深，口感Q彈有咬勁，耐煮不容易糊。

軟嫩入味全家搶食

港式腐竹羊腩煲

小時候在香港只要一入冬，爸爸總會帶全家到大排檔點羊腩煲。大叔把燒得赤紅的炭夾進紅泥小炭爐端到餐桌，再架上早已燉熟的羊肉煲，炭火熊熊、星火飛騰之際，大家早已摩拳擦掌拿著筷子準備，一開鍋便搶著把燜得軟嫩入味羊腩送進嘴裡，身體也頓時溫暖了起來。

烹調時間 | 70 分

難易度 | 🔥🔥🔥🔥🔥

壓力值 | **牛肉 / 羊肉** 模式
50KPA

材料　4～5人份

帶皮羊肉塊	600 克
老薑（0.3 公分厚片）	
	80 克
蒜頭（去皮拍扁）	20 克
乾腐皮	60 克
乾香菇	80 克
荸薺	50 克
蘿蔔（去皮厚塊）	100 克
油	1 湯匙
萵苣	100 克

汆燙羊肉

米酒	2 湯匙
水	500ml

醬汁

紅麴豆腐乳	2 塊
味噌	1 湯匙
冰糖	2 茶匙
鹽	1 茶匙
白胡椒粉	1 茶匙
米酒	1 湯匙
高湯	500ml

Tips

1. 食譜中利用「牛肉/羊肉」模式壓力值可做出軟爛口感。若喜歡較有咬感的羊肉，按「牛肉/羊肉」模式後，可將「壓力值」降至40KPA。

2. 可將整鍋以另一湯鍋裝盛，放在黑晶爐上邊加熱邊燙青菜，當成火鍋享用。

步驟

1　選「烤雞」模式及「開始烹飪」鍵，不加油，內鍋加熱後將羊肉兩面煎香，倒米酒並加水，將羊肉汆燙 5 分鐘去血水及羶味，取出沖洗表面雜質後瀝乾備用。內鍋洗淨。

2　選「烤雞」模式及「開始烹飪」鍵，不加油，將薑炒香至表面微焦後取出。

3　選「烤肉」模式及「開始烹飪」鍵，加油，油熱爆香蒜頭、腐乳及味噌，放入羊肉翻炒，加蘿蔔、荸薺、香菇、乾腐皮及冰糖翻炒。

4　薑片回鍋，倒入剩餘的醬汁材料，合蓋上鎖，按下「牛肉/羊肉」模式，「壓力值」降為50KPA，按「開始烹飪」鍵。

5　完成提示聲響起，開蓋，按「收汁入味」，將湯汁收至喜愛的濃稠度，放入萵苣燙熟即可。

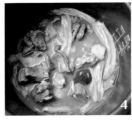

延伸食譜　　　　菜心蛤蜊羊肉爐

選「烤雞」模式及「開始烹飪」鍵汆燙羊肉，沖水瀝乾。內鍋放進羊肉、菜心、紅棗和薑絲，注水蓋過材料，按「牛肉/羊肉」模式，壓力值降為50KPA，按「中途加料」及「開始烹飪」，當「中途加料」提示聲響起，加入刈菜及枸杞，合蓋繼續烹調，完成後開蓋下蛤蜊煮熟，加少許鹽調味即可。

滑嫩噴香味下飯

宮保雞丁

到川菜館必點的宮保雞丁，有著滑嫩雞丁，還搭配香脆花生，匯聚麻、辣、香、脆，讓人胃口大開，下飯一流。金小萬獨有的火紋內鍋，利用熱折射強化熱能，爆香熱炒，香氣四溢，讓你把宮保雞丁變成拿手家常菜！

烹調時間 | 10分

難易度 | 🔥🔥🔥🔥🔥

材料	3～4人份
雞胸肉	300 克
花生	2 湯匙
乾辣椒	20 條
薑（末）	1/2 湯匙
蔥白（末）	2 條
蔥綠（段）	2 條
蒜頭（末）	5 瓣
花椒	1/4 茶匙
油	2 湯匙
香油	少許

醃料	
醬油	1 又 1/2 湯匙
糖	1/2 茶匙
胡椒粉	少許
太白粉	2 茶匙
高湯或水	2 湯匙

宮保醬汁	
醬油	1 湯匙
糖	1 湯匙
白醋	1 湯匙
米酒	1 茶匙
香油	1/2 茶匙

步驟

1　雞胸肉切成 2 公分丁狀，加醃料抓醃冷藏 15 分鐘。宮保醬汁混合。乾辣椒以刀劃開去籽。

2　內鍋加 1 湯匙油，選擇「烤雞」模式，按「開始烹飪」，油熱將雞肉煎 7 分熟及兩面微焦，取出備用。

3　倒 1 湯匙油，選擇「烤雞」模式及「開始烹飪」，爆香花椒及乾辣椒，加薑、蔥白及蒜炒香，倒入雞丁及醬汁翻炒至熟，加香油，灑花生及蔥綠拌勻。把雞丁炒熟後，可使用辣椒油代替香油，辣度可提高，也讓顏色更豔紅。

■ 延伸食譜　　　　　　　　　　**左宗棠雞**

2 塊無骨雞腿切 2 公分丁狀，加 2 茶匙醬油、1 茶匙米酒及 1 茶匙太白粉拌勻醃 20 分鐘。內鍋加 1 湯匙油，選擇「烤雞」模式及「開始烹飪」，將雞腿肉煎至兩面金黃色取出。再加 1 湯匙油，爆香蒜片、乾辣椒段、蔥段。混合醬油、番茄醬、糖、白醋及水各 1 湯匙，倒進內鍋煮熱，將雞腿肉回鍋拌炒至全熟、醬汁濃稠裹在雞肉上。

Tips

1. 雞胸肉裹太白粉再炒，可避免肉質乾柴。
2. 可用雞腿肉代替雞胸肉。
3. 若怕吃到花椒，爆香後可先取出花椒再下其他材料。

快 速 上 菜 又 澎 湃

豉油雞

豉油雞是一道廣東料理,豉油即是醬油。這道菜
也是身為職業婦女的J媽最引以為傲的拿手菜,
一周總會上桌 1～2 次。下班後僅需 30 分鐘左
右便可快速完成,宴客時也非常有看頭。一秒也
不浪費的J媽為了趕上菜,一隻雞只會剁 5 刀,
分成八塊,「八大塊」也變成我們家豉油雞的代
號了。

烹調時間 ∣ 35 分

難易度 ∣ 🔥🔥🔥🔥🔥

材料	5～6人份

全雞（去頭、尾、雞爪）
　　　　　　　　　1200 克
薑（片）　　　　　 2 片
青蔥　　　　　　　 2 株

調味料
醬油　　　　　　 200ml
紹興酒　　　　　 2 湯匙
紅糖　　　　　　 100 克
水　　　　　　　 170ml

步驟

1　將全雞肚內洗淨瀝乾，擦乾裡外水分。醬油、酒及糖在碗裡拌成「醬汁」，取約 4 湯匙分量抹在雞皮及肚內，靜置 5 分鐘，從全雞滴下的醬汁倒回碗裡。

2　內鍋放薑、蔥、醬汁和水拌勻，選「烤雞」及「開始烹飪」鍵，煮開後，按「保溫 / 取消」鍵。

3　將全雞放入內鍋的醬汁裡，選「烤肉」及「開始烹飪」，醬汁燒開後，合蓋不上鎖，煮 15 分鐘，按「保溫 / 取消」鍵。

4　開蓋，將全雞翻面，合蓋不上鎖，選「烤肉」及「開始烹飪」，煮 15 分鐘，按「保溫 / 取消」鍵，將蓋子上鎖，燜 10 ～ 15 分鐘。

5　解鎖開蓋，將筷子插入雞大腿肉最厚的部位，若無血水滲出代表已熟，取出全雞放涼切塊。取半杯醬汁當成沾醬。

Tips

1. 雞腿骨可使用棉繩綁起來，除了維持外型美觀，也方便著力將全雞翻面。
2. 醬汁可重複使用，當料理完成後，過濾醬汁放密封盒冷凍，需要時可再加熱使用。
3. 將雞腿放涼再切塊，雞皮及雞肉形狀較能保持完整。

豪氣味佳必秒殺

山東燒雞

山東人總給人豪爽俠義的印象，做山東燒雞也要
延續這份豪氣！雞肉用手扒成粗條，小黃瓜以刀
拍開，花椒粒不能少，蒜末要多，下醋更不能小
器，這樣一盤涼拌雞，真的自個兒吃也會秒殺！

烹調時間 | 25 分

難易度 | 🔥🔥🔥🔥🔥

材料 3～4 人份	
去骨雞腿肉	500 克
薑（片）	5 片
蔥（段）	2 根
花椒粒	1 茶匙
八角	1 顆
香菜（切碎）	1 湯匙
油	1 茶匙
雞肉醃料	
醬油	2 湯匙
米酒	1 湯匙
醬汁	
蒜頭（末）	1 又 1/2 湯匙
紅辣椒（末）	1 根
白醋	2 茶匙
烏醋	2 茶匙
糖	2 茶匙
蒸雞肉的雞汁	4 湯匙
香油	少許

步驟

1　雞腿肉加醃料抓醃，放冰箱冷藏 30 分鐘。

2　小黃瓜洗淨瀝乾，用刀拍至裂開，拿小湯匙挖出中間的籽，切成約 4×1 公分小段，冷藏備用。

3　抹掉雞皮上的醬油，選「烤雞」模式及「開始烹飪」，內鍋加油，油熱後將 2 塊雞肉雞皮朝下鋪在內鍋底，將雞皮煎成深焦糖色後翻面煎一下，雞肉不需煎熟。

4　取出雞肉放深盤，鋪薑、蔥、花椒、八角。內鍋放蒸架，注 2 杯水，將深盤放在蒸架上，合蓋上鎖，選「健康蒸」模式及「開始烹飪」，蒸 8 分鐘，深盤放在蒸架上的高度不能超過最高水位線。

5　烹飪完成提示聲響起，開蓋取出，放涼。

6　將 4 湯匙蒸雞肉的雞湯汁過篩，與「醬汁」的其他材料混合拌勻。

7　小黃瓜放盤底，鋪放涼後撕小段的雞肉，淋醬汁，灑香菜點綴。

Tips

1. 醬汁混勻後先試試味道，喜歡酸味更重可多加 1 茶匙白醋或烏醋。
2. 若使用帶骨雞肉，「健康蒸」的時間需延長，蒸 12～15 分鐘。
3. 夏天時，可將雞肉及小黃瓜冷藏，品嘗前再淋醬汁。

■ 延伸食譜　　　　　**香茅雞翅**

　　8 隻雞中翅擦乾水分，雙面斜劃兩刀深至骨頭，灑上各 1/2 湯匙香茅粉及鹽、1 茶匙糖、1/2 茶匙紅蔥頭末，各 1/2 湯匙檸檬汁及米酒，拌勻抓醃冷藏 1 小時，撥除雞翅上的紅蔥頭末，拍薄薄一層麵粉，內鍋加 1 湯匙油，按「烤雞」及「開始烹飪」，將雞翅煎至兩面金黃及全熟。

鹹 酸 帶 辣 味 驚 豔

酸菜魚

第一次在四川重慶吃到酸菜魚真的驚豔，鹹酸的
湯頭泡著香鮮細嫩的魚片，少許乾辣椒和花椒帶
出香氣，卻又不會太辣，愈吃愈開胃。煮酸菜魚
的魚高湯是靈魂，湯汁需煮至奶白色才夠濃香，
醃入味的魚片入滾湯裡泡一下即可品嘗，冬粉浸
潤鮮味十足的湯頭，一鍋就夠滿足了。

烹調時間 ｜ 70 分

難易度 ｜ 🔥🔥🔥🔥🔥

壓力值 ｜ 煲湯 模式
70KPA

材料 3～4人份	
草魚	300 克
酸菜（絲）	100 克
番茄（塊）	1～2 顆
豆腐（切成 8 塊）	1/2 盒
冬粉	1 把
薑	1 片
蒜頭（片）	10 克
花椒	6 粒
乾辣椒（段）	2 條
糖	1/4 茶匙
油	1 茶匙
香菜	適量

魚高湯	
魚頭魚骨	1 副
薑	2 片
熱水	1000ml
油	1/2 湯匙

醃料	
鹽	1/2 湯匙
酒	1 茶匙
太白粉	1/2 湯匙
油	1 湯匙

步驟

1. 草魚切約 0.3 公分厚片狀，加醃料抓醃，冷藏 10 分鐘入味，冬粉泡軟剪成段。

2. 內鍋加油，選「烤海鮮」模式及「開始烹飪」，油熱下 2 片薑爆香，下魚頭、魚骨煎至兩面金黃色，注入熱水，合蓋上鎖。選「煲湯」模式及「開始烹飪」，煮好後過濾成魚高湯。

3. 內鍋洗淨，選「烤雞」模式及「開始烹飪」，不加油，倒入酸菜炒 2～3 分鐘，取出備用。

4. 內鍋加油，爆香薑、蒜、乾辣椒及花椒，酸菜回鍋拌炒，注入魚高湯，加糖、豆腐及番茄煮開後，轉「烤肉」模式及「開始烹飪」，煮 3 分鐘。

5. 倒入魚片、冬粉，以長筷子將魚片分開避免沾黏，魚片煮熟後盛盤，灑香菜。

Tips

1. 魚肉可選草魚、鱸魚、烏魚或鯛魚。
2. 若怕辣，可省略乾辣椒及花椒。
3. 魚骨煎至金黃色後，需加燒滾的熱水才能煮出白色湯汁。
4. 醃魚片時加點油，燙熟後會更滑嫩。

滋味豐富有層次

XO 醬百花蒸豆腐

小時候挑食,很討厭吃豆腐,總覺得單調的黃豆味無趣。百花鑲豆腐是我在少年時轉變成愛吃豆腐的菜色。豆腐鋪上鮮甜蝦漿,再沾些醬油,平淡的味道頓然在嘴巴裡百花盛放,滑嫩的豆腐散發多層次鮮味,我從此發現豆腐是能把各種美味串連起來的媒介,也從此愛上豆腐。

烹調時間 | **10**分

難易度 | 🔥🔥◌◌◌

材料 2～3 人份

嫩豆腐	1 盒
蝦仁（去殼）	240 克
荸薺	1 顆
太白粉（抹豆腐）	適量
XO 醬	1 茶匙
蔥（末）	1 茶匙
蒸魚醬油	2 茶匙
香油	少許

蝦仁調味料

鹽	1/2 茶匙
糖	1/4 茶匙
胡椒粉	少許
太白粉	1 茶匙
蛋清	1/2 顆
香油	1/8 茶匙

步驟

1 蝦仁去腸，沖洗後瀝乾並用紙巾擦乾水分。

2 以刀身蝦仁壓扁成泥狀，再以刀背剁幾下（不要用刀刃）。依序加荸薺及蝦仁調味料拌勻，朝同一方向攪拌，並摔打至有黏性，以保鮮膜封起冷藏 30 分鐘。

3 豆腐切成 6～8 片鋪在平盤上，每片豆腐表面挖凹槽並灑太白粉，放 1 湯匙分量的蝦泥。

4 內鍋加 200ml 水，選「烤雞」及「開始烹飪」，水燒開後放入蒸架再放裝豆腐的平盤，合蓋後，選「健康蒸」，「時長」調為 7 分鐘，按「開始烹飪」。

5 完成提示聲響起，開蓋取出平盤，倒掉盤子裡的水，在蝦仁上放少許 XO 醬，灑蔥末，淋蒸魚醬油及香油。

Tips

1. 醃蝦子時加少許糖，可讓蝦肉口感爽脆。

2. 擺盤的青菜可在內鍋水燒開時，先放青菜燙熟，取出再蒸豆腐。

延伸食譜　　鮭魚彩蔬豆腐煲

300 克鮭魚切 3 公分塊，加 1 茶匙鹽及 1/2 茶匙酒醃 10 分鐘，擦乾水分，拍薄薄一層麵粉。內鍋加 1 湯匙油，按「烤海鮮」及「開始烹飪」，油熱將鮭魚兩面煎至微焦取出，再加 1 茶匙油，爆香薑、蒜及蔥白，倒入紅蘿蔔片、香菇片及荷蘭豆翻炒幾下，鮭魚回鍋，倒進油豆腐塊及 1 湯匙蠔油、1 茶匙醬油及 100ml 水炒勻，煮至醬汁轉濃，灑香油及蔥花。

銷魂回味全家愛

韭黃叉燒炒蛋

到燒臘店買 50 元的叉燒肉，區區一小盤分量只
夠一人獨享。但若買回家加入雞蛋及韭黃，只需
花短短 3 分鐘，便能變出一大盤吸睛的下飯菜！
甜甜的銷魂叉燒肉，大人小孩都吃得開心。

烹調時間 ┃ 06 分

難易度 ┃ 🔥🔥🔥🔥🔥

材料	3～4 人份
港式熟叉燒	70 克
雞蛋	4 顆
韭黃	50 克
蔥（末）	1/4 根
鹽	1/4 茶匙
油	2 茶匙

步驟

1 叉燒切片。韭黃洗淨瀝乾，韭黃白及韭黃綠分開切段。雞蛋打勻，加鹽拌勻後置大碗。

2 內鍋加 1/2 茶匙油，選擇「烤海鮮」模式，按「開始烹飪」鍵，將油燒熱後把叉燒及韭黃白炒約 1 分半鐘至略軟，取出。

3 將韭黃綠、叉燒及韭黃白放進蛋液拌勻。

4 內鍋加 1 又 1/2 茶匙油，選擇「烤海鮮」模式，按「開始烹飪」鍵，油燒熱後將倒入步驟 3 的蛋液，翻炒至快熟時加入蔥末，再翻炒幾下即可。

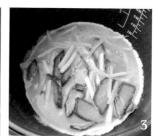

■ 延伸食譜 **菜脯蛋**

50 克菜脯丁泡水 5 分鐘去除鹽分後瀝乾。內鍋加 1/2 湯匙油，選「烤海鮮」模式及「開始烹飪」把菜脯炒香，加蔥白末略為爆香，取出放涼。將蛋液與蔥綠末、菜脯、蔥白末、鹽及胡椒粉拌勻。內鍋加 1 湯匙油，選「烤海鮮」模式及「開始烹飪」，倒入蛋液煎至表面金黃色。

Tips

可在蛋液裡加入 1 湯匙鮮奶拌勻，炒蛋會更滑嫩。

質 地 滑 嫩 似 布 丁

蛤蜊蒸蛋

口感滑嫩像布丁的蒸蛋，小朋友看到就會大口配飯吃。變點花樣，把蛤蜊的汁液化成高湯，天然海鮮味道釋放到蛋液裡，頓時讓蒸蛋鮮甜度更提升。小孩吃個不停，大人只有笑著視吃的份了！

烹調時間 ｜ **15**分

難易度 ｜ 🔥🔥🔥🔥🔥

材料	2～3 人份
雞蛋	2 顆
蛤蜊	150 克
水	150ml
鹽	1/4 茶匙
蔥（末）	1/2 株

步驟

1　蛤蜊泡鹽水吐沙，洗淨瀝乾。內鍋注水 150ml，選「烤海鮮」模式及「開始烹飪」，水燒開後，放蛤蜊煮至殼打開，取出蛤蜊，蛤蜊湯汁倒進碗裡放涼。

2　雞蛋打勻成蛋液，加放涼後的蛤蜊湯汁和鹽拌勻，過篩倒進深盤，放入蛤蜊，蓋上鋁箔紙。

3　內鍋加 200ml 水（分量外），放入蒸架，選「烤雞」模式及「開始烹飪」，水燒開後，將深盤放在蒸架上。

4　合蓋上鎖，選「健康蒸」及「開始烹飪」，按「時長」延長至 11 分鐘，按「開始烹飪」鍵。

5　烹飪完成提示聲響起，解鎖開蓋，掀開鋁箔紙，灑蔥末即可。

Tips

1. 蛋液過篩可隔阻泡沫，蒸蛋表面才會平滑。
2. 深盤蓋上鋁箔紙，可避免水氣滴在蒸蛋上而影響味道及外觀。
3. 深盤放在蒸架上的高度不能超過最高水位線。

延伸食譜　　　　　　　　**芙蓉蒸蛋**

50 克菜脯丁泡水 5 分鐘去除鹽分後瀝乾。當然，有些孩子並不喜歡蛤蜊，所以也可以省略烹煮蛤蜊取湯汁的過程，直接以高湯取代，與蛋液和鹽拌勻後，一樣依步驟 3 進行，就能完成芙蓉蒸蛋，很適合帶便當哦！

最 適 合 清 冰 箱 的 佳 肴

羅漢上素

到餐廳點菜常有選擇困難症，這時候綜合拼盤最
得我心。羅漢上素也是我最愛的綜合蔬食料理，
各種菇菌加上葉菜根莖菜，五色營養全到位，無
比滿足。這也是清冰箱料理的最佳選擇！

烹調時間 ｜ 10 分

難易度 ｜ 🔥🔥🔥🔥🔥

材料	4～5人份

大白菜（段）	200 克
乾香菇（泡發）	50 克
草菇	50 克
蘑菇（對切）	50 克
鮮白木耳（小朵）	20 克
鮮黑木耳（塊）	40 克
荸薺（切片）	4 顆
麵筋	25 克
紅蘿蔔（薄片）	40 克
玉米筍（對切）	30 克
甜豆（去頭尾及筋）	
	30 克
薑	1 片
鹽	1/4 茶匙
香油	少許

調味料

醬油	1 又 1/2 湯匙
素蠔油	2 湯匙
糖	1/2 茶匙
高湯	50ml

太白粉水

泡香菇水	1 湯匙
太白粉	1/2 湯匙

步驟

1 全部蔬菜洗淨瀝乾及切好。內鍋注水至刻度 2，選擇「烤雞」模式及「開始烹飪」，水燒開後加 1/4 茶匙鹽拌勻，放紅蘿蔔、玉米筍及甜豆燙至顏色開始變深時取出沖水瀝乾。續放麵筋快速燙過，取出沖水瀝乾。內鍋水倒掉擦乾。

2 內鍋倒 1 湯匙油，選擇「烤雞」模式及「開始烹飪」，爆香薑片，下香菇炒香，放草菇、蘑菇、白木耳、黑木耳、荸薺及麵筋拌炒 。

3 倒入混合好的調味料拌炒，放白菜炒軟後，以太白粉水勾芡拌勻，倒入紅蘿蔔、玉米筍及甜豆快速拌炒，淋少許香油即可。

Tips

1. 麵筋以熱水燙過可去油。
2. 菌菇可隨意搭配，蔬菜宜多選帶脆感的根莖類，少點易出水的葉菜。
3. 不容易熟的根莖類及豆類需先氽燙，炒的時候才能與其他材料熟成時間一致。

經典川菜變清爽

乾煸四季豆

乾煸四季豆是川菜餐廳的人氣菜式，以大量的油將四季豆炸出香氣來，好吃卻略嫌油膩。在家裡只需使用一點點油，慢慢將四季豆煸乾，再搭配絞肉同炒，少了油膩感，更添一份清爽感。

烹調時間 | 08 分

難易度 | 🔥🔥🔥🔥🔥

材料	3～4 人份
四季豆	300 克
豬絞肉	150 克
蒜（末）	2 瓣
薑（末）	1 茶匙
紅辣椒（末）	1 根
油	3 茶匙

調味料

醬油	1 湯匙
糖	1/2 茶匙
米酒	1 茶匙
胡椒粉	少許
香油	少許

步驟

1 四季豆去頭尾及粗筋，對切成段。

2 內鍋加 2 茶匙油，選「烤海鮮」模式，按「開始烹飪」，油熱後加入四季豆，煸至表面微焦起皺，取出備用。

3 加 1 茶匙油，選「烤雞」模式，按「開始烹飪」，油熱爆香蒜、薑及辣椒，加豬絞肉炒至 8 分熟，倒入調味料炒至醬汁收乾，放四季豆回鍋炒勻即可盛盤。

Tips

乾煸四季豆做法很多種，亦可加入蝦米、榨菜粒、冬菜等鹹香材料與絞肉同炒，增色添味。

延伸食譜 合菜戴帽

100 克豬里肌肉絲加入各 1/4 茶匙醬油、米酒、太白粉抓醃 10 分鐘。內鍋加 2 茶匙油，按「烤雞」及「開始烹飪」鍵，油熱放入肉絲炒香，依序放 1 瓣蒜末、2 塊豆乾絲和各 75 克紅蘿蔔絲、木耳絲、豆芽、韭黃段翻炒後，再加各 1 茶匙的醬油、甜麵醬及各 1/4 茶匙雞粉、鹽、胡椒粉拌勻，灑少許香油，倒出放盤上。內鍋洗淨擦乾，倒 2 茶匙油，選「烤雞」及「開始烹飪」，倒進 2 顆打發好及加少許鹽的蛋液，煎成蛋皮，倒出蓋在合菜上。

越南番茄燉牛肉

番茄燉牛肉在不同國家利用當地香料烹煮，會呈現出各種風味，但共通點都是老奶奶級的暖心溫馨料理，周末燉上一鍋，配飯、配麵、麵包、馬鈴薯都合適。越南河粉除了清燉、咖哩湯，番茄牛肉也是我心頭好。

烹調時間 | 30 分
難易度 | 🔥🔥🔥🔥🔥

材料	3～4 人份
牛肋	400 克
牛腱	400 克
洋蔥	150 克
牛番茄	400 克
紅蘿蔔	300 克
馬鈴薯	200 克
水	500ml
油	3 茶匙
魚露	3 湯匙

辛香料 & 調味料

紅蔥頭（丁）	4 瓣
蒜頭（末）1 又 1/2 湯匙	
香茅（段）	6 條
辣椒	1 條
南薑粉	2 湯匙
八角	1 顆
桂皮	1 支
檸檬葉	5 片
檸檬汁	1/2 湯匙

Tips

1. 牛肋、牛腱及蘿蔔需切大塊，燉煮後才不會化開。
2. 辛香料放入滷包袋，可保持湯色清澈。

步驟

1 去除牛肋表面較厚的脂肪，切大塊。牛腱切大塊。牛肋及牛腱放入內鍋，選「烤雞」及「開始烹飪」，加水（分量外）蓋過食材，汆燙 8 分鐘去除血水後取出，以清水沖除雜質，瀝乾後加魚露醃 20 分鐘。

2 番茄、紅蘿蔔及馬鈴薯去皮，與洋蔥皆切 3～4 公分大塊。八角、桂皮放入滷包袋。

3 內鍋加 2 茶匙油，選「烤雞」及「開始烹飪」，依序將紅蔥頭、蒜頭、香茅、辣椒及南薑粉炒香，取出放入滷包袋封起。

4 內鍋擦乾淨，加 1 茶匙油，選「烤雞」及「開始烹飪」，油熱放入牛肉煎香，加洋蔥拌炒，倒入醃汁，再加入番茄、紅蘿蔔、馬鈴薯、檸檬葉及滷包袋，灑鹽並注水。

5 合蓋上鎖，選「細火慢燉」模式，按「開始烹飪」鍵，烹調完成提示聲響起，開蓋，按「收汁入味」及「開始烹飪」鍵，收汁約 3 分鐘，加入檸檬汁拌勻。

温暖豐盛大滿足

德國香腸酸菜燉豬腳

社團上課端出這道豐盛的燉菜時，台灣高麗菜轉眼變成德國酸菜口味，總讓社員們嘖嘖稱奇，大呼開胃好吃！蘋果與大量蔬菜釋放出天然甜味，與豬肉及香腸特別合拍。天冷時，燉一鍋給家人品嘗，溫暖又療癒。

烹調時間	**70** 分
難易度	🔥🔥🔥🔥🔥
壓力值	**豬肉/排骨** 模式 40KPA

材料	4 ～ 5 人份
豬腳塊	400 克
帶皮豬五花肉	300 克
德國香腸（塊）	2 根
培根（丁）4 片	200 克
高麗菜（絲）	500 克
洋蔥（絲）	400 克
蘋果（絲）	2 顆
紅蘿蔔（塊）	1.5 根
馬鈴薯（塊）	200 克
白酒	100ml
蘋果醋	85ml
水	450ml
巴西里	1 茶匙

醃料	
鹽	2 茶匙
黑胡椒	1 茶匙
白酒	1 茶匙

步驟

1　豬五花肉切 2.5 公分塊狀，與豬腳加醃料醃 15 分鐘。

2　內鍋加油，選擇「烤雞」按「開始烹飪」，油熱放入豬五花肉塊及豬腳煎至表面微焦取出。

3　下培根爆香，加洋蔥、高麗菜、蘋果、白酒及蘋果醋翻炒。

4　待高麗菜變軟，將豬五花肉及豬腳回鍋，加水。

5　合蓋上鎖，按「豬肉 / 排骨」模式鍵，將壓力值降為 40KPA，按「中途加料」及「開始烹飪」。

6　「中途加料」提示聲響起，加入德國香腸、紅蘿蔔及馬鈴薯，合蓋上鎖繼續烹調。

7　完成提示聲響起，按「收汁入味」鍵，邊拌勻邊將湯汁收至喜愛的濃度，可加鹽調味，灑巴西里碎盛盤。豬肉可沾法式芥末醬品嘗。

Tips

1. 肉的分量取消可全部改用豬腳或五花肉。
2. 建議選脆皮型的德國香腸。

香嫩多汁肉 Q 彈

紅酒燉豬腱

以大量蔬菜和紅酒燉煮入味，恰到好處的壓力值，能讓無油脂的帶骨豬腱肉吃起來口感 Q 彈、香嫩多汁。這道菜賣相顏值高，宴客時，不妨帶領客人豪邁以手拿著品嘗，猶如啃雞腿般痛快，放鬆自在的氣氛能讓賓主盡歡。

烹調時間	60 分
難易度	🔥🔥🔥🔥🔥
壓力值	豬肉 / 排骨 模式 40KPA

材料	3～4人份
帶骨豬腱	700 克
培根（丁）	2 片
蒜頭（末）	1 湯匙
百里香	1/4 茶匙
巴西里	1 茶匙
麵粉	4 茶匙
橄欖油	1 又 1/2 湯匙

醃料

鹽	1/2 湯匙
黑胡椒	1/8 茶匙
月桂葉	1 片
紅酒	50ml

醬汁

洋蔥（丁）	100 克
紅蘿蔔（丁）	100 克
白蘿蔔（丁）	50 克
西洋芹（丁）	40 克
番茄糊	2 湯匙
高湯	500ml

配菜

紅蘿蔔（塊）	50 克
白蘿蔔（塊）	50 克
馬鈴薯（塊）	50 克
小番茄	50 克
甘藍菜	50 克

步驟

1 豬腱加醃料抓醃，冷藏醃 3 小時以上或過一夜後，取出豬腱撥除表面醃料，灑麵粉，醃料留下備用。

2 內鍋加 1 湯匙油，選擇「烤雞」模式及「開始烹飪」，放入豬腱煎至表面金黃色取出。

3 加 1/2 湯匙油，將培根煎至微焦，放蒜末、百里香、巴西里爆香，加洋蔥、紅蘿蔔、白蘿蔔及西洋芹略為拌炒，加番茄糊拌勻。

4 豬腱與醃料回鍋，加高湯拌勻，選擇「豬肉 / 排骨」模式，「壓力值」降為 40KPA，按「中途加料」及「開始烹飪」。

5 當「中途加料」提示聲響起後，開蓋加入配菜的紅蘿蔔、白蘿蔔及馬鈴薯，合蓋上鎖，繼續烹調行程。

6 完成提示聲響起，加小番茄、甘藍菜，按「收汁入味」，收汁至喜愛的濃稠度即可 。

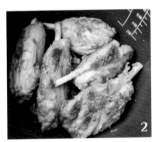

Tips

卡本內蘇維濃（Cabernet Sauvignon） 及黑皮諾（Pinot Noir）紅酒都適合燉煮。

日式醬滷鮭魚頭

在日本料理店一吃就著迷的魚頭荒焚燒，為鮭魚頭除了煮味噌湯及鹽烤找到另一條出路。鮭魚頭最好吃的就是軟骨及魚鰓邊肉，利用低壓力滷鮭魚頭，甘甜的日式醬料可迅速入味，軟骨軟中還帶點彈性，是絕妙的下酒菜。

烹調時間 ┃ 50 分

難易度 ┃ 🔥🔥🔥🔥🔥

壓力值 ┃ 煲粥 模式
20KPA

材料　　2人份

鮭魚頭	1/2 個
薑（片）	5～6 片
鮮香菇	2 朵
紅蘿蔔	2 根
牛蒡	1/2 根
豆腐	1/2 塊
秋葵	2 根
清酒	120ml

醬汁

醬油	80ml
日式醬油露	2 茶匙
味醂	2 湯匙
冰糖	2 又 1/2 湯匙
水	120ml

Tips

醬汁加冰糖可讓魚皮呈現晶亮效果。

步驟

1. 魚頭洗淨擦乾。內鍋鋪上薑片，將魚頭的魚眼朝上放入內鍋。

2. 魚頭旁放香菇、紅蘿蔔、牛蒡及豆腐，倒清酒，選「烤肉」模式及「開始烹飪」，加熱後，將醬汁混合後倒入鍋中。

3. 合蓋上鎖，選「煲粥」模式，「壓力值」降至20KPA，「時長」降為 15 分鐘，按「開始烹飪」。

4. 完成提示聲響起，開蓋，按「收汁入味」，加入秋葵，收汁至醬汁非常濃稠即可起鍋。

延伸食譜　　　　　　　　　　　　　　紅燒魚下巴

4 片魚下巴洗淨擦乾，內鍋加 2 茶匙油，按「烤雞」及「開始烹飪」鍵，油熱放入魚下巴煎至兩面焦黃後取出。加 2 茶匙油，爆香 6 根蔥的蔥段及 1 湯匙薑絲，加 1 湯匙紹興酒、2 湯匙醬油、1 茶匙糖及 100ml 水拌勻煮滾，魚下巴回鍋，選「烤海鮮」及「開始烹飪」，中途翻面，煮至醬汁濃稠，灑少許香油。

佃煮秋刀魚

秋天的秋刀魚肥美又便宜,日式佃煮秋刀魚要做
到化骨又皮肉不爛,非常講究火候與耐性。利用
萬用鍋的高壓烹調,完全不用顧火,便能達到日
本師傅的功力!完美無瑕的化骨佃煮秋刀魚,熱
吃冷嘗都美味。

烹調時間 | 60 分

難易度 | 🔥🔥🔥🔥🔥

壓力值 | 雞肉 / 鴨肉 模式
70KPA

材料	4 人份
秋刀魚	5 尾
紫蘇梅乾	5 顆
蔥	3 根
醬汁	
醬油	80ml
烏醋	60ml
味醂	60ml
清酒	80ml
冰糖	2 湯匙
水	60ml

步驟

1　秋刀魚去頭及內臟,洗淨擦乾,切成 3 公分長段。
　內鍋鋪上蔥段,放入秋刀魚,魚塊可側放但不要
　重疊。

2　放入梅乾,倒入混合的醬汁,將食材壓在醬汁底
　下,合蓋上鎖,選「雞肉 / 鴨肉」模式,按「壓
　力值」上調到 70KPA,按「開始烹飪」。

3　完成提示聲響起,開蓋,按「收汁入味」,中途
　不要翻動食材避免魚皮破損,約收汁 12 分鐘至
　醬汁非常濃稠,按「保溫 / 取消」,即可盛盤。

Tips

1.醬汁加冰糖可讓魚皮呈現
亮晶晶效果,冰糖可改砂糖
替代。
2.秋刀魚要選眼睛明亮、魚
身渾圓、表皮有光澤才新鮮。
3.吃不完可放冰箱冷藏保存
約一周,不必加熱也美味。

西班牙香辣蝦

第一次吃西班牙橄欖油香蒜辣蝦（Gambas Al Ajillo）的時候，立刻迷上了這種香氣噴鼻的味道，但奇怪的是 JJ 以後再也沒點過這道菜了！為什麼呢？因為做法及食材實在太簡單了，只要有一瓶上好的橄欖油及新鮮蝦子，在家裡重現這道西班牙 tapas 最經典料理，實在零難度。

烹調時間 | 08 分

難易度 | 🔥🔥🔥🔥🔥

材料　3～4人份

帶尾蝦子	250 克
鹽（洗蝦子）	1 茶匙
蒜頭（片）	6 瓣
乾辣椒（末）	5 條
洋香菜 / 香菜（末）	
	1 湯匙
鹽	1/4 茶匙
黑胡椒	少許
橄欖油	100ml

Tips

1. 蒜頭宜切片或是拍扁切成小丁，味道更能夠與橄欖油融合。
2. 完成後的橄欖油融合了蒜、辣椒的香氣及蝦子鮮味，沾麵包品嘗會讓人吃不停，千萬別懷疑橄欖油的用量，也許最後會嫌油太少呢。

步驟

1　蝦子去殼留尾，背部剪開去泥腸，加水蓋過，灑 1 茶匙鹽，以手搓洗，倒掉水再清洗一遍，瀝乾並以紙巾擦乾水分。

2　內鍋加油及蒜片，選「烤肉」模式及「開始烹飪」，以鍋鏟慢慢攪拌，直到蒜片邊緣呈現金黃色，按「保溫 / 取消」。

3　按「烤海鮮」模式及「開始烹飪」，將蝦子平鋪在內鍋，當一面開始轉熟時，灑鹽、乾辣椒及黑胡椒，將蝦子翻面。

4　蝦子全熟後盛盤，灑洋香菜末。烹調後的橄欖油可搭配法國長棍麵包沾食。

■ 延伸食譜　　　　　　　　　　　　　　　　**西班牙蒜香蘑菇**

200 克蘑菇切片，內鍋加 2 湯匙橄欖油，按「烤雞」及「開始烹飪」，油熱爆香 1 茶匙蒜末、1/4 茶匙乾辣椒片，加蘑菇片翻炒 3 分鐘，灑 1/2 茶匙鹽、1/4 茶匙黑胡椒及 1 湯匙檸檬汁拌炒 2 分鐘，按「保溫 / 取消」，拌入 1 茶匙巴西里碎盛盤。

無 肉 也 馨 香

印度素咖哩

印度素食人口眾多,因此有不少蔬食料理,像是
匯聚眾多香料而成的咖哩,即便是無肉的蔬食,
味道也相當誘人,烹調時只要充分將辛香料炒出
香氣,再融合蔬菜的甜度,絕對會讓人吃了愛不
釋口。

烹調時間 | 40 分

難易度 | 🔥🔥🔥🔥🔥

壓力值 | 煮粥 模式
20KPA

材料	2～3 人份

白花椰菜（切小朵）1 棵
馬鈴薯（3 公分塊）1 顆
番茄（3 公分塊）　1 顆
紫洋蔥（粗段）　　1 顆
豌豆仁　　　　　2 湯匙
香菜（梗葉分開，梗切碎）
　　　　　　　　1 湯匙
蒜頭（末）　　　2 瓣
薑（末）　　　　1 茶匙
印度咖哩粉　　　3 湯匙
馬沙拉咖哩粉　　1 茶匙
粗紅辣椒片　　　1 茶匙
椰奶　　　　　150ml
水或素高湯　　350ml
油　　　　　　2 湯匙
鹽　　　　　　　適量

步驟

1　內鍋加油，選擇「烤肉」模式及「開始烹飪」鍵，下洋蔥、香菜梗、蒜及薑末炒 6 分鐘，加印度咖哩粉及粗紅辣椒片拌勻炒香。

2　倒入番茄、馬鈴薯、白花椰菜、椰奶及高湯拌勻，合蓋上鎖，選擇「煮粥」模式，「壓力值」降為 20KPA，「時長」15 分鐘及「開始烹飪」鍵。

3　完成提示聲響起，加入馬沙拉咖哩粉及豌豆仁，按「收汁入味」鍵，邊拌勻邊將湯汁收至喜愛的濃度，加鹽調味，盛盤灑香菜。

Tips

1.印度咖哩的香氣來自辛香料，所以需將咖哩粉、辣椒片及其他辛香料慢慢炒至香味盡出。
2.若想吃到較脆的白花椰菜，可在收汁入味時才放白花椰菜煮熟。

■ 延伸食譜　　　　　　　　**紅咖哩南瓜彩蔬**

　200 克南瓜以及各 40 克的洋蔥、茄子、紅蘿蔔及櫛瓜切 3 公分塊。內鍋加 1 湯匙油，按「烤肉」模式及「開始烹飪」，油熱將所有蔬菜炒香，取出。內鍋加 1 茶匙油，爆香紅咖哩醬，加適量椰奶及高湯，煮滾後加入所有蔬菜煮至喜歡的熟度，可加少許魚露調味。

紅豆栗子羊羹

不需泡水便可直接煮紅豆喔！很多朋友都是衝著
紅豆湯購買萬用鍋，除了各式紅豆湯，還能發展
出蜜紅豆、紅豆泥、烘焙用的紅豆餡等，讓製
作甜點省下不少備料時間呢！羊羹充滿了童年回
憶，邊做邊回憶兒時趣事。

烹調時間 ｜ 60 分

難易度 ｜

壓力值 ｜ 豆類 / 蹄筋 模式
50KPA

| 材料 | 5 人份 |

紅豆泥

| 紅豆 | 1 杯（量米杯） |
| 水 | 1 又 3/4 杯（量米杯） |

羊羹

寒天粉	3 克
冷水	300ml
二砂糖	30 克
鹽	1/4 茶匙
蜂蜜	1 又 1/2 湯匙
熟栗子（去殼，敲碎）	
	5 顆

| 步驟 |

1 羊羹模具鋪上烘焙紙（也可使用方型的便當盒當模具）。

2 將紅豆和水放進內鍋，合蓋上鎖，選「豆類 / 蹄筋」模式及「開始烹飪」，完成提示聲響起，燜 15 分鐘後開蓋，取出放深碗，以手持電動攪拌棒打成泥後過篩，約得 300 克紅豆泥。

3 寒天粉與冷水拌勻，按「烤肉」模式及「開始烹飪」，邊煮邊攪拌，煮開後，加糖、鹽及蜂蜜拌勻，再倒入紅豆泥徹底拌勻，按「保溫 / 取消」，快速倒進模具，邊倒邊放入栗子，倒完後輕敲模具排出空氣。

4 冷藏 4 小時至凝固，脫模切成條狀。

| Tips |

1. 紅豆過篩時，需以刮刀輔助將紅豆壓在篩網上。
2. 可使用現成紅豆泥，若紅豆泥已含糖，需減少二砂糖份量。

■ 延伸食譜   **抹茶羊羹**

300 克紅豆泥與 2 湯匙抹茶粉拌勻備用。3 克寒天粉與 300ml 冷水拌勻，倒入內鍋，按「烤肉」模式及「開始烹飪」，煮開後，加 30 克糖、1/4 茶匙鹽及 1 又 1/2 湯匙蜂蜜拌勻，再倒入抹茶紅豆泥徹底拌勻，按「保溫 / 取消」，倒入模具並輕敲排除空氣，冷藏至凝固。

杏仁南瓜紅糯米甜粥

南瓜清甜、紅糯米綿滑、堅果飄香，甜糯米粥吃
來不但有飽足感，感覺也很舒爽，既是甜湯，也
能當成正餐。煮粥時順便蒸南瓜，更是節省許多
時間。

烹調時間 ｜ 30 分

難易度 ｜ 🔥🔥🔥🔥🔥

壓力值 ｜ **豬肉 / 排骨** 模式
40KPA

材料　**4~5 人份**

紅糯米或黑糯米
　　　　1 杯（量米杯）
去皮南瓜（塊）　120 克
杏仁奶（無糖）　150ml
冰糖　　　　　　40 克
水　　4 杯（量米杯）

步驟

1　糯米洗淨瀝乾，放入內鍋，加水，放蒸架，將南
　　瓜放碗裡置蒸架上，合蓋上鎖，選擇「煮粥」按
　　「開始烹飪」。

2　烹飪完成提示聲響起，解鎖開蓋，取出南瓜及蒸
　　架，以叉子將南瓜壓成泥。

3　南瓜泥倒回內鍋，倒回內鍋，加杏仁奶，按「烤
　　雞」及「開始烹飪」，邊加熱邊拌勻。

4　燒開後，加冰糖拌勻即可。

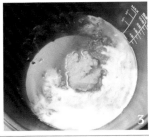

Tips

1. 若杏仁奶含糖，冰糖分量需減少。
2. 杏仁奶可使用其他堅果奶或豆漿替代。
3. 買不到紅糯米可改用黑糯米取代。

蘋果無花果菊花茶

勤勞的媽媽每天打造愛心便當，讓一家大小吃得健康營養，遠離油膩的外食。飯後飲料利用小萬製作天然健康無添加的飲品，將甜甜的幸福感喝進肚子裡！

烹調時間 ▎ 45 分

難易度 ▎ 🔥🔥🔥🔥🔥

壓力值 ▎ 雞肉 / 鴨肉 模式
20KPA

材料	4~5 人份

蘋果	800 克
白菊花或黃菊花	40 克
無花果	4 顆
水	1500ml

步驟

1 蘋果洗淨不去皮，切 1.5×1.5×0.3 公分薄片。無花果切絲。菊花以熱水泡洗乾淨擠乾水分。

2 蘋果及無花果放入內鍋，加水蓋住材料，合蓋上鎖，選擇「雞肉 / 鴨肉」模式，「壓力值」降為20KPA，按「中途加料」及「開始烹飪」鍵。

3 「中途加料」提示聲響起，解鎖開蓋，加菊花並壓在茶湯之下，合蓋上鎖繼續烹調。烹調完成，將茶湯過濾，冷熱皆宜。

Tips

1. 茶湯過濾後可拌入適量蜂蜜更滋潤。
2. 白菊花相對黃菊花，味道較甘甜。若怕黃菊花帶苦味，可減量或加少許冰糖。

延伸食譜 　　　**紅棗蓮子銀耳湯**

40 克白木耳泡發，洗淨瀝乾撕成小朵。把白木耳、40 克蓮子、6 顆紅棗、10 克枸杞及 1000ml 水放進內鍋，合蓋上鎖，選「豆類/蹄筋」及「開始烹飪」，完成後開蓋加入適量冰糖拌勻。

最代表台灣的飲品

黑糖珍珠奶茶

珍珠奶茶在全世界大紅，出國旅遊，在各地景點幾乎都能看到 Bubble Tea 的招牌，真是台灣之光！遊子在外喝一杯珍奶，總能撫慰思鄉之心。利用萬用鍋，也能輕鬆煮出 Q 彈的珍珠粉圓。

烹調時間 | 60 分

難易度 | 🔥🔥🔥🔥🔥

壓力值 | 豆類/蹄筋 模式
50KPA

材料	**5~6 人份**

奶茶

茶葉	10 克
水	500ml
鮮奶	500ml
黑糖	1 湯匙

黑糖粉圓

乾粉圓

1 又 1/2 杯（量米杯）	
水（煮粉圓）	1000ml
黑糖	2 湯匙
水（煮黑糖）	400ml

步驟

1　內鍋注水 500ml，選「烤雞」模式及「開始烹飪」，水燒開後，按「保溫 / 取消」，選「烤肉」模式及「開始烹飪」，下茶葉，慢慢攪拌至茶葉全部張開及聞到茶葉香，倒入鮮奶及黑糖繼續攪拌，鮮奶煮至溫熱但不要燒滾起泡，按「保溫 / 取消」，濾出茶湯成黑糖奶茶。

2　內鍋洗淨注 800ml 水，選「烤雞」模式及「開始烹飪」，水燒開後，倒入粉圓攪拌避免沾黏，粉圓燒熱後，按「保溫 / 取消」，合蓋上鎖，選「豆類 / 蹄筋」模式， 按「開始烹飪」。

3　完成提示聲響起，燜 3 分鐘後開蓋，粉圓倒出過冷水，瀝乾置深碗備用。內鍋洗淨後重新注 400ml 水，選「烤雞」模式及「開始烹飪」，水燒開後加黑糖拌勻，按「保溫 / 取消」，倒入粉圓拌勻，整鍋倒出備用。

4　將適量粉圓放入杯子，倒奶茶即為黑糖珍珠奶茶，可依個人喜好加冰塊和糖蜜。

Tips

1. 煮茶葉及鮮奶時需要一直攪拌，不要煮至沸騰，避免茶葉變苦及鮮奶起薄膜。可按一下「保溫 / 取消」降溫後，再按「烤肉」模式重新加熱。

2. 煮好的粉圓不要放隔夜，否則會變硬，一次煮剛好的分量。

3. 食譜裡的甜度為少糖。

■ **延伸食譜**　　　　　　　**檸檬薏仁水**

生薏仁及熟薏仁各 50 克洗淨瀝乾，放入內鍋，注水 1200ml，合蓋上鎖，選「豆類 / 蹄筋」模式，按「開始烹飪」，完成後拌入適量冰糖或蜂蜜，冷卻後加檸檬汁及檸檬片。冷熱皆宜。

萬用鍋 零失敗 3

一鍵搞定

80道 澎湃經典的館子菜料理提案
智慧再升級！零廚藝也能做出難忘好味道

作者 x 攝影／JJ5 色廚（張智櫻）
美術編輯／招財貓、Arale、廖又頤、爾和
執行編輯／李寶怡
文字編輯／沈軒毅
企畫選書人／賈俊國

總編輯／賈俊國
副總編輯／蘇士尹
編輯／高懿萩
行銷企畫／張莉滎、廖可筠、蕭羽猜

發行人／何飛鵬
出版／布克文化出版事業部
台北市民生東路二段 141 號 8 樓
電話：02-2500-7008
傳真：02-2502-7676
Email：sbooker.service@cite.com.tw

發行／英屬蓋曼群島商家庭傳媒股份有限公司城邦分公司
台北市中山區民生東路二段 141 號 2 樓
書虫客服服務專線：02-25007718；25007719
24 小時傳真專線：02-25001990；25001991
劃撥帳號：19863813；**戶名**：書虫股份有限公司
讀者服務信箱：service@readingclub.com.tw

香港發行所／城邦（香港）出版集團有限公司
香港灣仔駱克道 193 號東超商業中心 1 樓
電話：+86-2508-6231　**傳真**：+86-2578-9337
Email：hkcite@biznetvigator.com
馬新發行所／城邦（馬新）出版集團 Cité (M) Sdn.
Bhd.41, Jalan Radin Anum, Bandar Baru Sri Petaing, 57000 Kuala Lumpur, Malaysia
電話：+603- 9057 -8822
傳真：+603- 9057 -6622
Email：cite@cite.com.my
印刷／韋懋實業有限公司
初版／2019 年 2 月　　2022 年 7 月初版 13 刷
售價／新台幣 380 元
ISBN／978-957-9699-67-9